はじめる
デザイン

知識、センス、経験なしでも
プロの考え方 & テクニックが身に付く

浅野 桜 著

技術評論社

■免責

本書に掲載されている操作画面はアドビ社のPhotoshop CC 2019、Illusrator CC 2019のものです。

Mac版とWindows版でメニュー名が異なる場合など、本書内の操作に関連するものは本文中に記述しています。

本書に記載された内容は、情報の提供のみを目的としています。本書の運用については、必ずお客さま自身の責任と判断によって行ってください。これらの情報の運用やデータ利用の結果について、技術評論社および著者はいかなる責任も負いかねます。また、本書の内容を超えた個別のトレーニングにあたるものについても、対応できかねます。

※本書に掲載されている情報は2019年4月現在のものです。以降、技術仕様やバージョンの変更等により、記載されている内容が実際と異なる場合があります。あらかじめご承知ください。

■商標、登録商標について

本文中に記載されている製品の名称は、一般に関係各社の商標または登録商標です。なお、本文中では™、® などのマークを省略しています。

はじめに

　私たちの身のまわりには、たくさんの広告や販促ツールがあふれています。チラシやカタログ、ダイレクトメール、電車の中吊り、ビルや街中に貼られた大きなポスターなどを作るのが、グラフィックデザイナーです。誰もが知っている広告のデザインをするには、本来は専門教育を受けた後にデザインや広告の会社で修行を積む必要があります。

　一方、「パソコン得意なんでしょ？　ちょっと、チラシ作ってよ」なんて簡単に言われて困った経験はないでしょうか。専門知識が必要なはずのデザイン制作はツールやサービスの進化によって、ずいぶん敷居が下がってきていますが、きちんと成果の出る広告を作るために、どこからどうやって手をつけるべきか悩んでいる、という人が多いのもまた事実のようです。

　本書はこういった、グラフィックデザイナーではない人の「広告や販促ツールを作らなくてはいけないけれど、何からはじめたらいいかわからない」といった声に応えたものです。実践型の入門書として「考え方」と「作り方」について、実例を交えながら解説しています。

　1章では、広告や販促ツールを作るために必要な考え方と、道具の使い方について解説します。2章〜4章では、「チラシ」「DM（ダイレクトメール）」「バナー（ウェブに表示する画像）」の作り方をそれぞれ紹介していきます。また、デザイン制作に必要なPhotoshopやIllustratorといったアプリケーションをまったく知らない人へ向けた1.5章を用意しています。それぞれのアプリケーションの基本や、筆者なりの作業のコツについて触れていますので、ぜひご覧ください。

　デザインの本質は「課題の発見と解決」です。本書が、あなたの抱える課題の助けになれば幸いです。

目次

免責	002
はじめに	003
本書の構成	008

1章　デザインとは何だろう　……………………………………………… 009
〜広告・販促のデザイン

01	「デザイン」の意味	010
02	広告と販促の「デザイン」	012
03	「デザイン」にお金や人をかける意味	014
04	「想い」と「条件」を「5W3H」で整理しよう	016
05	Who だれに ターゲット & When いつ Where どこで 配布のタイミング	018
06	What なにを Why なぜ 「目的」と「コンセプト」	020
07	How どのように 「切り口」と「表現」でデザイン案を出そう	022
08	How much いくらで デザイン制作を勧めるワケ	024
09	「デザイン」の道具を揃えよう	026
10	レイアウトの基本の「き」	030
11	色はどう決める？	032
12	手を動かして確認しよう	034
13	How many いくつ さまざまな印刷方法	036

1.5章　デザインアプリを使おう　……………………………………… 037
〜PhotoshopとIllustratorの基本

01	「フォトショ」と「イラレ」	038
02	アドビのアプリをインストールして起動する	041
03	基本的な機能の「名前」と「役割」 Ps Ai	044
04	ストレスの少ないアプリの使い方 Ps Ai	048

05　グラフィック作成に欠かせない「レイヤー」 Ps Ai ……… 052
06　Photoshopの基本 Ps ……… 055
07　Illustratorの基本 Ai ……… 059

2章　商品を訴求するためのデザイン ……… 069
〜チラシを作ってみよう

プランニング
01　チラシってなんだろう ……… 070
02　チラシの種類を選ぼう ……… 072

制作
チラシを作ろう　考え方と完成デザインを見比べよう ……… 074
03　チラシの基本を作ろう ……… 076
04　文字と素材をレイアウトする ……… 084
05　データ入稿の準備をしよう ……… 099
▶STEP UP　チラシをもっと目立たせるには ……… 102

3章　サービスを販促するためのデザイン ……… 105
〜DM（ダイレクトメール）を作ってみよう

プランニング
01　DMってなんだろう ……… 106
02　DMの種類を選ぼう ……… 108

制作
DMを作ろう　考え方と完成デザインを見比べよう ……… 110
03　DMの「基本」を作ろう ……… 112
04　写真素材を補正する ……… 114
05　地図を描こう ……… 123
06　レイアウトを仕上げよう ……… 134
07　データ入稿の準備をしよう ……… 141
▶STEP UP　DMをもっと目立たせるには ……… 144

4章　クリックしてもらうウェブ広告のデザイン ……… 147
～バナーを作ってみよう

プランニング

01　ウェブの特徴と違いを考えよう ……………………………… 148
02　「どこで知らせるか」集客の観点を考える ………………… 154
03　「拡張子」とふたつの「サイズ」を理解しよう …………… 156

制作

Photoshopを使ったバナー制作　[Ps]　考え方と完成デザインを見比べよう ……… 158
04　Photoshopを使ったバナー制作 ……………………………… 159
Illustratorを使ったバナー制作　[Ai]　考え方と完成デザインを見比べよう ……… 172
05　Illustratorを使ったバナー制作 ……………………………… 173

▶STEP UP　より「目立つ」バナー作り

付録　もっと学びたいときには …………………………………… 183
～困ったときの考え方・調べ方

① 成果が出ないときは …………………………………………… 184
② もっと勉強したいときは ……………………………………… 185
③ もっと学びたい方へのブックガイド ………………………… 186
④ 業務に活かせるサービスガイド ……………………………… 187

おわりに ……………………………………………………………… 188
INDEX ………………………………………………………………… 189

Column

コンセプトを「観察」して、たくさん書く	021
無料でチラシを作りたい！アドビじゃなきゃ駄目なの？	029
反対色（補色）とは？	033
ページものを作るときに便利なInDesign	040
アプリのバージョンを確認しよう	043
WindowsとMacで異なる「環境設定」の場所	047
画面を明るくして使おう	051
Illustratorでは、オブジェクトの「ロック」と「隠す」を使って レイヤーを増やさず作業しよう	054
Photoshopで何度も元に戻したいとき（Photoshop CC 2018以前）	058
猫型の作り方	068
通販などの非来店型の場合は「反響率」を測る工夫を	071
チラシを作れるようになればいろいろ作れる	073
文字をキャッチーに加工するには	085
入稿時の注意点	104
値下げの特典は効果的？	109
トンボ（トリムマーク）の作り方と注意点	113
人物写真のどこを補正するか？	116
角版？切り抜き？	122
線幅と効果を拡大・縮小	133
PDF入稿のメリットと注意点	143
自分で印刷するときには	146
GIF（ジフ）はダメなの？	157
画像の一部をくりぬきたいときは？	165
こんなバナーはどっちで作る？	171
チームでデータを共有できるアプリを選ぼう	171
「押されやすいボタン」を作ろう	182

本書の構成と読み方

| 1章　デザインとは何だろう | デザインとはなに？　その意味とレイアウト、表現、考え方の基本を説明します。 |

↓

| 1.5章　デザインアプリを使おう | はじめてデザインアプリに触れる人のためにPhotoshopとIllustratorの操作を解説します。 |

↓

実際に制作しよう！

| 2章　チラシ | 3章　DM（ダイレクトメール） | 4章　バナー |

●プランニング

●考え方と完成デザインを見比べよう

●制作

付録　もっと学びたいときには

さらにデザインを追求したい人向けに、この先のステップや便利ツールを紹介しています。

●データダウンロード

本書の制作物（チラシ、DM、バナー）や「STEP UP」の各種データがダウンロードできます。レイヤー構造などの参考や、学習のための素材としてご利用いただけます。

技術評論社サポートページ　≫　https://gihyo.jp/book/2019/978-4-297-10504-4

●特設ページ

本書の補足情報は以下のウェブサイトでも公開していきます。　≫　『はじめるデザイン』専用サイト　https://hajimeru.design/

デザインとは
何だろう

〜広告・販促のデザイン

本章は、実際の作業に入る前の準備運動の章です。デザイナーは選ばれたセンスのある人だけがなれる仕事だという意見がありますが、これは誤解です。生まれつきのセンスや、天才的なひらめきは不要なのです。素晴らしいアイディアには、「考える力」「作る力」の存在が不可欠です。この章では、広告・販促ツールを例にデザインを「考える力」について解説していきます。それでは、デザインをはじめましょう！

01

「デザイン」の意味

　デザインの仕事をしていると、「あなたのセンスでデザインしておいて」という、あいまいな指示をもらうことがあります。そして作業が進むと、「これ、ぜんぜんデザインされてない」と言われたり、反対に「良いデザインだね」と言われたりします。「デザイン」とは便利な言葉ですね。この本は、広告・販促デザインの考え方と作業方法を紹介するものですが、実際の作業に入る前に、よく聞くけれどあいまいな「デザイン」という言葉を考えてみましょう。

たくさんのデザイン、たくさんの意図

　私たちのまわりには、環境や洋服、家具や日用品、印刷物や建築など、人が作るあらゆる製品に「デザイン」が存在しますが、「デザイン」が指す意味は同じです。たとえば書店へ行って、デザインの本を見てみると、「デザインとは作り手の計画や設計、意図を示したものである」と書いてあります。デザインと聞くと、見た目の美しさや技術のテクニックなどを連想されることが多いと思いますが、じつはこの「計画や設計、意図」が大切なのです。

▼私たちのまわりにあるデザイン

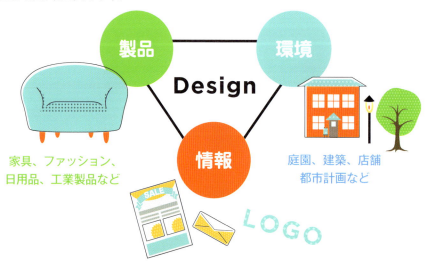

アートとデザイン

　ところで、アートとデザイン、その違いはどこにあるのでしょう。よく、「アートは自己表現、デザインは問題解決」と言われます。デザインは他人のための表現と言い換えてもいいかもしれません。問題解決という「意図」があるわけです。したがって、良いデザインの第一条件は「他者の問題解決ができた表現」なのです。ただし、これにはある程度、レイアウトや色彩、写真表現の美しさは必要不可欠なので、アート的な素養は必要になると言っていいでしょう。ここで言う「素養」とは、生まれ持った「センス」ではありません。身のまわりの色彩やかたちや質感の観察と制作を続けた結果、はじめて、何が「良い・悪い」あるいは「美しい・醜い」の判断ができるようになるというわけです。デザインにおいて、観察と制作の経験が必要なことは否めません。美術やデザインについてまったく知識のない人が突然、成果が出るデザインをできるかというと、いきなりは難しいかもしれません。まずは作りたいものに近いデザインを「観察」するところからはじめてみましょう。

成果を追い求め、問題を発見する

　それでは、デザイン経験のない人が、今からデザインをはじめることは無謀なのでしょうか。筆者は決してそうは思いません。思い立ったらぜひデザインをはじめてみましょう。たとえば、本書で取り扱う「販促デザイン」分野の知識を必要としている方の強みは、チラシを作らなければならない、売上をアップしなければならないなど、すでに何らかの問題が目の前にある、という点ではないでしょうか。これは実務経験を得られるという大きなアドバンテージです。実際にお金の動く業務の中で、本気で考えて作ることのできる経験は、書籍でデザインを学ぶ以上の価値があるでしょう。自分が良いと感じたデザインを観察しながら、そのデザインのどこが良いのかを考えて、作り続けることが重要です。

　デザインを行うとき、デザイナーには、実際の問題の中で「真の問題を発見する力」が求められています。全体の工程の中で、何がボトルネックなのかをつきとめる力は、デザイナーでなくても求められるスキルと言っていいかもしれません。たとえば、チラシを作りたいと聞いてよく話を聞いてみると、売上が下がっている原因はチラシではなく店頭にあった、といった話は実際によく耳にします。こうした全体を見渡した上での改善は、外部の広告会社などには難しい視点かもしれません。実践の機会がある読者の皆さんは、ぜひ、ビジネス全体を俯瞰して、その中の一部として、チラシやDMを新しく作る、あるいは改善するといったデザインでの解決を取り入れてみてください。それが真の「問題解決＝デザイン」です。

02

広告と販促の「デザイン」

　グラフィックデザインの分野にも、さまざまな領域が存在します。チラシやテレビコマーシャルなどは、一般的に「広告」というひとつの言葉でくくられがちですが、「広告」と「販売促進」という分類がなされています。特に大規模なコストや緻密なクリエイティブを必要とするマス広告は、グラフィックデザイン業界の花形ですが、世の中にはそれ以外の広告や販促デザインも、数多の星々のように輝いているのです。ここでは、もう少し細かく掘り下げてみましょう。

▍4大マス広告とセールスプロモーション

　広告には「広告（マスプロモーション）」と「販売促進（セールスプロモーション）」の2つがあり、特に広告業界では区分けされています。モノや企業の認知を広く行う「広告」に対して、具体的にモノを売るためのさまざまな営業施策を「販売促進（販促）」と呼びます。

　広告と聞いて最初に思い浮かぶのはCF（Commercial Film：TVCMのこと）かと思います。CFや新聞広告、雑誌広告、ラジオ広告は「4大マス広告」と言われ、マス（mass）メディアを媒体とした広告の手法の代表的なものです。4大マス広告のほかにも、街中の屋外広告（OOH：Out Of Home）や駅構内、電車内での交通広告なども、私たちにとって身近な広告媒体です。これらのマス広告は、「媒体」を管理する広告代理店に依頼して出稿する（広告を出す）必要があり、広範囲に対して訴求できる反面、費用もかかります。広い範囲に対して短時間で商品を印象づけることが優先されるため、商品の細かい情報や価格、実際に購入できる店舗情報など十分に伝えきれない一面もあります。

　販売促進に関わるツールは、このような広告の欠点を細かく補いながら、購買意欲を高めることを目的としています。実際に価格を掲載している折込チラシやDM（ダイレクトメール）などをはじめ、店頭でのPOP、商品カタログや商品サンプルなどさまざまな種類があり、マス広告とイメージを合わせるために一括で広告代理店が請け負う場合もあれば、小売店が印刷会社に依頼して制作しているものもありますし、工夫して手作りしている場合もあります。「広告（マス広告）」と「販売促進（販促広告）」は目的や予算規模が異なりますが、慣習的にこれらを一括りにして「広告」と呼ぶ場合もあります。本書でもこれ以降、販促系のデザインを含めて広告デザインと呼びます。本書では、代表的なツールのチラシ（2章）とDM（3章）を作成します。

インターネットの広告

最後に、現在の広告や販促を語る上で欠かせない媒体として、インターネットの存在があります。ひと言でインターネットと言っても、広告手法や媒体は多岐にわたっています。大手ポータルサイトへバナー広告を出して、新商品のスペシャルサイトへ誘導するのは広告的な使い方ですし、メルマガで手持ちの顧客に対して呼びかけるのは販促的な使い方と言えるでしょう。また、EC（Electronic Commerce：電子商取引）サイトを自社で運営し、リスティング広告による導線で業績を伸ばしている企業も多くあります。4章ではこの中から、バナー広告を題材に、ウェブサイト内のちょっとした画像や、SNSでのOGP（Open Graph Protocol：SNSでシェアや投稿したときに表示される専用の画像）など、さまざまな画像作成に応用できるノウハウについて紹介します。

●ネット広告の種類

メールマガジン　自社のお客さまに向けて、メールを配信し、購買を促すもの

バナー広告　画像を使った広告。外部サイトの該当エリアに表示させるものを中心にさまざまなタイプがある

メール広告　外部のメールマガジンに広告文を掲載し、自社のお客さま以外にリーチすることを狙ったもの

ランディングページ　特定の商品の購入を目的とした1ページのウェブサイト

リスティング広告　検索キーワードに基づいて表示される広告「Google広告」「Yahoo!プロモーション広告」が有名

キャンペーンサイト　特定の商品の認知向上を目的とした期間限定のウェブサイト

　お問い合わせや商品購入が広告のゴール　

 動画広告、SNS広告、アフィリエイト広告など

「デザイン」にお金や人をかける意味

　道具が進化した今、ある程度のデザインはひとりでもできます（詳しくはP24をご覧ください）。しかし、広告も販促も、もちろんウェブページも、良いデザインは一人では作れません。「人が関わるとお金がかかる」のは当たり前ですが、ビジネスで1円を稼ぐのは本当に大変です。その1円を無駄にしないためにも、当たり前の、「人が関わるとお金がかかる」について、改めて考えてみます。

専門家のスキルを結集して良いものをつくる

　たくさんの消費者から反響を得なければならない大規模な広告の場合、広告表現に対して非常に高いクオリティーが求められます。そのぶん、さまざまな専門家によるチームでの制作が慣例です。専門の道具も必要ですから、それだけお金もかかります。一方で、自分のお店や製品の集客や販売を狙ったDMやチラシなどの販促ツールだったらどうでしょうか。サイズも小さく、なんだか自分でも作れそうです。本書は、そういった「なんだか自分でも作れそう」を「こうやって作るのか」にする本です。ところが、すべて「自分一人だけで作れる」と過信すると、時間が物凄くかかったり、クオリティーが低かったり、何より成果が出なかったり……などの「落とし穴」が待っています。なぜでしょうか。

　まず、印刷物は簡単に ❶デザイン ❷コピー ❸写真 ❹イラスト（図版）の4つの要素に分けられます。

　大きな広告の場合、それぞれ、デザイナー、コピーライター、カメラマン、イラストレーターという専門の職種が関わっています。専門家はコンセプトや企画を汲み（場合によっては企画やコンセプトを提案して）、それに沿った伝わる表現をスピーディーに実現できるからこその専門家なのです。小さな会社や個人の場合、費用の関係ですべてを任せることができなくても、たとえば、写真だけはカメラマンにお願いするなどの工夫でクオリティーは飛躍的に向上します。クオリティーが上がることで意図した通りに消費者に伝わって、目的を達成する可能性が高くなり、一人で作業するよりも、作業にかかる時間も短くなります。

① デザイン
・デザイン・レイアウトの知識
・印刷の知識
・アプリの知識
・ソフトウェア＋フォント

② コピー
・的確な日本語能力
・マーケティング力
・専門分野への知識

③ 写真
・構図や色、光の知識
・高額な設備

④ イラスト
・専門分野への知識
・画力やタッチ、アプリの知識
・構図やデザインの知識

> プロに一部を任せるのも賢い方法

人が多いと、事前にたくさんの目に見てもらえる

「傍目八目（おかめはちもく）」という良い慣用表現があります。これは、あなた自身よりも、他人のほうがあなたを正確に判断してくれる、という意味なのですが、広告もこれと同じで、作った本人よりも、他人のほうが自分を正確に評価・表現してくれることも多いのです。世に出す前に、表現の良し悪しやこっちのほうが好き・嫌いなど、主観や客観を問わず関わる方からさまざまな意見をもらえることは、チームで作業する上での特権と言えます。社外の方へ依頼したり、チームを組んだりするときには、そのスタッフの経験から基づく意見などもぜひ聞いてみましょう。

たとえば、自分のスマートフォン、自分のデジタルカメラ、プロが撮った写真を並べてみたり、実際に広告を作って意見を聞いたり反響を調べてみると、面白い結果になるかもしれません。こうして、ひとつの表現を何人ものスタッフで練り上げていくことで、一人では作り得なかった、高いクオリティーのデザインが誕生するのです。

04

「想い」と「条件」を「5W3H」で整理しよう

　何かを作るからには、「ああしたい、こうしたい」という希望やイメージがある場合が多いと思います。逆に、上司に言われたから・必要になったから作るので、特に希望がないこともあるでしょう。どちらの場合でも、面倒な作業は早く終わらせたいですよね。あらかじめある「想い」と「条件」を、きちんと整理して、優先順位を付けておけば、たとえば大きさや色などの判断に迷う時間を短くできます。パソコンへ向かう前に、まずは頭の中を整理しましょう。

「想い」があれば、デザインは伝わる

　たとえば、カフェの店長が一生懸命文章を考えて作ったチラシと、テンプレートを使ってパパっと作ったカフェのチラシがあるとします。一見美しいチラシのほうがシンプルで良いように思えますね。しかし、実際のところはラブレターや履歴書と同じで、いくら用紙や文字がきれいでも、内容に「想い」がなければ、人の気持ちは動きません。出来ばえが良くても、店名を差し替えれば別のカフェにも使えてしまいそうなデザインでは、相手の心は動きません。その商品やサービスにどんな「想い」があるのかは、そのビジネスを内側から担っている人が一番わかっているはずです。良い製作者は、この「想い」を整理して形にするのが上手いのです。きれいなキャッチコピーを考える前に、お客さまに伝えたい「想い」について、優先順位を付けて整理するところからはじめてみましょう。

何をどう伝えれば、チラシで来店を促せるか？

具体的には、最初に製品やサービスそのものについて、「これだけは言いたい訴求点」を簡潔に言葉にしてみます。つぎに、自社の従来品や競合製品と比較して「ほかより優れている強み」を具体的にしておきます。この2つは製品やサービスそのものの特徴です。

最後に、広告独自の「特典」がある場合には記載します。販売や集客がメインの場合はこの「特典」を強く押し出すと良い成果が得られることも多いです。「特典」については期間や数などの制限があることが多いので、記載の際は数や期間について注釈を入れましょう。

5W3Hの「8つの条件」をしっかり決めよう

文書作成のテクニックなどで使われる5W1H（ご・ダブリュ・いち・エイチ）という言葉をご存知の方もいるでしょう。情報を相手に正しく伝えるためには、以下の6つの状況を明らかにしなさい、というものです。広告についても、これをきちんと漏れなく埋めることで、後々の確認漏れや、悩む時間を削減できます。

❶ Who：だれに … 対象
❷ When：いつ … 時期・期間・納期
❸ Where：どこで … 媒体・掲示場所
❹ What：なにを … 商品・商品の訴求点
❺ Why：なぜ … 目的
❻ How：どのように … 手段・企画（表現方法や特典など）

広告・販促の場合は予算や部数を決めなくてはいけないので、この6つに加えて、こちらの2つの「How」も考えておきます。

❼ How much：いくらで … 総額や単価
❽ How many：いくつで … ページ数や生産ロットなど

これら8つがしっかり決まっていないと、「あれもこれも言いたい」となってしまい、コピーや写真を詰め込みすぎてメッセージがぼんやりとしてしまったり、スケジュールや予算をあいまいにしたまま進行して、後から揉める要因になってしまいます。

05

ターゲット ＆ 配布のタイミング

　人は「あ、これ私のことだ」と感じる、いわゆる「自分ごと」に対して行動を起こします。消費者が共感する表現を実現するためにも、製品や広告の対象となる消費者＝ターゲットは必ず意識しましょう。まず、製品のターゲットですが、これは事前のマーケティングによって製品コンセプトと一緒に決まっているものが多いと思います。この前提を土台にして、広告のデザインを誰のために作るのかをしっかり決めて、作業にかかりましょう。

思い込みを捨ててみる

　5W3Hの①Who（だれに）を整理します。「ターゲットを決めましょう」というのは当たり前のように聞こえるかもしれません。ところが、中には残念ながらこの部分が先入観にとらわれていて曖昧なケースや（あなたが経営者でない場合は）経営者が上手に言語化できないために、社内で共有・言語化できない場合もあります。商品やサービス先行のプロダクトアウト型の企業には特ににそういった傾向があるように筆者は感じます（それ自体は素晴らしいことで、悪いことではありません）。こういったときには、販売データやアクセス解析、営業さんの声などを聞いていくと、ターゲットを複数想定できるケースも多いです。そこで、目の前の広告企画について、デザインの制作者が仮想のターゲットを「決めなくてはならない」場合もあります。誰に伝えるかを決めないと、どう伝えるかを決められないからです。

「誰に伝えるか」で広告は変わる

多様な広告のターゲットと、彼らが考えていることを想像する

　通信販売を例にすると、同じ30代女性に向けた広告であっても、新規購入者向けとリピーター向けでは広告の表現が異なります。リピーター向けの中でも、もう一度購入してほしい「休眠顧客」向けと、何度も購入している「ロイヤルカスタマー」向けでは、表現や特典が大きく変わってきます。また、女性向けの商材を贈り物という観点で男性に訴求したり、子どもの学用品を親に訴求したりする場合もあります。広告のターゲットは、商品そのもののターゲットと比べて選択肢が多いのです。

　「とにかくたくさん売りたい！」という欲求ばかりが先行し、ターゲットが決まっていない、あるいは決めきれないというケースもあります。そういったときには制作者がターゲットを想定します。ある程度規模の大きなプロジェクトであれば、マーケティングの一環としてターゲットと同じ層の第三者を集めてインタビューをすることもあります。こういったインタビューが難しい場合には、たとえば会社に寄せられる「お客さまの声」を元に、そのお客さまがどういった人なのかを想像してみたり、制作者が考える想定ターゲットに近い身近な人の行動や考えを観察したり、どんな商品をなぜ使っているかを聞いてみると、広告作りのヒントになります。

配布する場所やタイミングも広告に活かす

　ターゲットと一緒に考えたい要素には、配布時期、配布の期間、配布場所があります。配布期間が長いものなのか短いものなのかによって掲載する内容も変わってきます。たとえば、3日間限定のイベント会場で配るようなチラシであれば「限定特典あり！」だけではなく、「本日○○ホールにお越しくださっているお客さまだけの限定特典！締め切りは○月○日（3日後）」のように場所と時間を限定することでより具体的で強い訴求力をもった広告を打ち出すことができますし、特定の地域へのポスティングであれば「○○市のお客さまへ」などと呼びかけることもできます。

　掲示や配布する場所によってレイアウトが変わることもあります。チラシのスタンドなどに挿したときに目に付きやすいように上部にキャッチコピーを掲載したり、壁に貼っても目立つように大きなゴシック体を使うこともあります。こうした時間的・場所的な制約をあらかじめ把握した上で、ターゲットと合わせてオリジナリティーのある戦略を打ち出しましょう。

06

「目的」と「コンセプト」

　広告表現には、コピー（文章）や写真・イラストなど、異なる専門家の作る要素が混在しています。「コンセプト」とは、これらの表現を統括する発想や考え方のことです。異なる要素をひとつの世界観にまとめあげる指針があると、質の高い広告になります。目的とコンセプトは、デザインやコピーを支える上で、大切な根元の部分にあたります。目的とコンセプトが明確ならば、表現の方向性はおのずと絞られてくるでしょう。

コンセプトとキャッチコピーの違い

　「広告コンセプト」は、社内外の広告制作に関わるスタッフで意識を共通化するための概念です。「広告コンセプト」を土台にして作られる「表現」には、デザインや言葉があり、一番大きく見せる言葉を「キャッチコピー」といいます。したがって「キャッチコピー」は、「広告コンセプト」の従属関係にあたります。「キャッチコピー」は、「広告コンセプト」をふまえて考えられるので、両者の趣旨が大きく相反することはありませんが、言葉自体は異なる場合が多いです。

　他社と比べたときに感じる紙面の雰囲気であったり、メッセージ性などを短く言い表した言葉が「広告コンセプト」です。

広告コンセプトの例

生徒のレベルに合わせた
10段階のステップアップ方式の
楽しい個別英会話スクール

▶

キャッチコピーの例

・楽しく話せる10steps!
・自分のペースでじっくり学べる
　ステップアップ形式

販促系のチラシでは
広告コンセプトよりも
紙面のインパクトや
価格表現を重視する場合も多い

まずは事業や製品コンセプトを確認する

　コンセプトはひと言で言い表せて、パッと共有できるものを採用します。まずは、対象となる製品の企業や事業、製品自体のコンセプトを確認しておき、これから作る「広告コンセプト」と遠くならないように気をつけましょう。仮に製品コンセプトがまとまっていない場合には、良い「広告コンセプト」は作りにくくなります。こういった場合はすでにその製品が置かれている現状から、製品コンセプトを改めて言葉にまとめてみるところからはじめましょう。

ひとりで悩まない

　『03.「デザイン」にお金や人をかける意味』でも記しましたが、目的やコンセプトを決める上でも、ひとりで悩まずにいろいろな人に相談してみることからはじめてみましょう。作業をしたり考えるのはひとりでも、他の人に意見やフィードバックを求める謙虚な姿勢は、広告制作全般を通してとても大切です。

　お客さまにきちんと広告の内容を受け取ってもらうためには、第一に、「共感できる価値」を示さなくてはいけません。第二に、「新しい気づきや価値」を与える必要があります。たとえば、お客さまがその製品に出会うことで暮らしや人生、気持ちがどう変化するか、して欲しいかというところから着想するのがおすすめです。名作と言われる広告は、共感だけではなく、製品のお客さまに対して新しい価値や気づきを与える明確なコンセプトを持っています。こういった世間で受け入れられ、話題となった広告のコンセプトは、もれなく何人もの専門家が知恵を絞って考え出したものです。ぜひ、まわりの人に相談してみてください。

Column

コンセプトを「観察」して、たくさん書く

　コンセプト作りがはじめての場合はまず、新聞や雑誌に掲載されている広告のコンセプトを自分なりに言葉にする訓練をしてみるのがおすすめです。言葉では見えないコンセプトを自分なりにとらえてみる訓練です。色彩や文字、言葉などの表現が、コンセプトとどのように結びついているかを「観察」し、自分なりの言葉にしてみましょう。

　コンセプトはキャッチコピーではありませんので、美文である必要はありません。肝心なのは、ひとつ書いて終わらないことです。できればたくさんの単語や候補を出して、一覧で確認しながら、案同士を混ぜたり短くしたりしてブラッシュアップしていくといいでしょう。

07

How どのように 「切り口」と「表現」でデザイン案を出そう

　ターゲットやコンセプトが決まりました。では、いよいよ広告の見た目や訴求内容、つまり「表現」について考えてみましょう。広告したい商品のどこに焦点を当てるかで、「表現」は大きく異なります。この「表現上、どこにもっとも焦点を当てるか」を、広告の制作現場では「切り口」と言います。切り口ごとにコンセプトを複数案考える場合もあります。コンセプトが異なると、広告の切り口も大きく変わってきます。

どういう良さを伝えたら、ターゲットに伝わるか

　同じりんごでも、断面の形や、見る方向によって形が変わります。これが「切り口」です。伝え方の違いと同じ、いうわけです。

どこから、どう「切る」かで、まったく異なる表現に

　広告を実際にコンピュータで制作する前に、まず、この「切り口」を最初にスケッチレベルで簡単に作り、複数の案の中でどれを制作するのかについて、社内外での意識を共通化しておくといいでしょう。こういったスケッチのことを、小さいものをサムネール（thumbnail：親指の爪から転じて、小さい画像のこと）と言います。ある程度の大きさであれば、ラフスケッチと言います。いくつかサムネールを描きながら、まとめましょう。
　右のスマートフォンの広告案は、30代の働く男女をターゲットに、「身近で便利なスマホライフ」をコンセプトに、3つの切り口を示した例です。

マス広告と販促チラシでは表現が異なる

　同じ商品でも、家電量販店などの販促チラシの場合は異なるアプローチになることもあります。たとえば販売価格を大きく見せても、必ずしも他店より安いとは限りません。そんなときには「特典」を見直してみましょう。商品そのものの特長や、来店によるメリット（ポイントシステム、待たせない、アフターケアが豊富、来店だけでプレゼント）など、販売店ならではの工夫を盛り込むことを検討します。また、こうしたチラシは"旬"が短いことを逆手にとって季節の行事と絡めるのもポピュラーな手法です。ブランドイメージや、メッセージ性が優先されるマス広告などと比較すると、販促広告の制作現場では、「切り口」の面白さそのものよりも、ストレートに「目立つこと」や、その技術が重用視される傾向にあります。

デザイン制作を勧めるワケ

ここまで一般的な広告の考え方や作り方を紹介してきました。ここからは、デザインを専門としていない方でもデザインを社内ですべき理由と、必要な道具について説明します。かつて非常に高価だったデジタルツールも、テクノロジーの進歩とともに、手の届きやすい価格帯になってきました。もちろんコストはかかりますが、コストに見合うだけのリターンがあります。

小規模企業の成長スピードには部分内製がおすすめ

大企業であれば、専属の広告代理店との仕事が多いかと思いますが、立ち上げたばかりや小規模の企業ではそうもいきません。特に、現場で変更が多かったり、予期せぬイレギュラーに対応する必要があるときには、依頼して、直して、依頼して……といった改善作業を高速で行わなければいけません。そんなとき、自分やあるいはまわりが、少しでもデザインツールが使用できれば状況は変わります。

筆者のおすすめは、企業ロゴなどの重要な部分は外部のプロのデザイナーに依頼し、変更が多いツールや、ちょっとした宣伝物（2章以降で制作するチラシ、DM、バナーなど）については、最初は企業の内部で製作する方法です。ある程度の結果や、定型化が出た時点で、専門のデザイナーへ改善の依頼とともに、作業を引き継ぐのもいいでしょう。少しでもツールを使った経験さえあれば、デザイナーとのデータのやりとりもスムーズに進行できますので、経験は無駄になりません。ただし、少し挑戦してみて、よっぽどデザイン制作に時間が取られてしまうようなら、はじめからプロへ依頼するのもよい選択です。それでも、ここまで紹介してきたコンセプトなどの立案をはじめ、デザイナーから提出されたデザインについて企業側からの修正点などを明確に判断し、決めていく必要があることに注意してください。

プロのデザイナーが作ったものと比べると、企業内部で作った広告宣伝物は、美しさの面では劣っていることも多いです。しかしながら、見栄えがデザインの本質ではないというのは、本章『01.「デザイン」の意味』でも述べたとおりです。こぎれいなテンプレート的デザインよりも、当事者である企業側が発する誠実で切実な言葉のほうが、相手に伝わる場合も多いのです。

ツールの進化や情報の充実が学習の追い風に

　パソコンがはじめて印刷物の制作現場に用いられるようになってから30年あまりが過ぎています。コンピュータの低価格化やアプリケーションの進化、インターネットのインフラ、書籍やネットの記事の充実で「印刷物を作る」敷居は年々低くなってきていると言っていいでしょう。たとえば、本書で紹介するPhotoshop（フォトショップ）やIllustrator（イラストレーター）をはじめとしたプロが使う各種アプリケーションを販売しているアドビでは、高額なアプリケーションを月額制にすることで手頃な価格設定にしたり、初心者向けのサイト開設を行うなど、近年は初心者ユーザーを特に歓迎する傾向にあります。

　アプリケーションと同時に、かつては敷居の高かった印刷の世界にも変化が起きています。「印刷通販」が発達し、低価格で美しい印刷物を個人でも作れる時代になりました。便利なため、活用する人が増えていますが、入稿をする上で、プロと同等のデータ入稿技術を求められるなどの注意点もありますので、2章や3章で詳しく解説します。

▼デザインをはじめやすい環境が整ってきた

09

「デザイン」の道具を揃えよう

　デザイン制作にはどういった道具が必要になるかを確認しておきましょう。プロに近い環境が手に入りやすくなった昨今、これを利用しない手はありませんし、プロが使っている道具を知ることで、円滑にコミュニケーションをとることができるでしょう。良い広告を作るために必要な知識として知っておいて損はありません。

▍DTPに必要な道具

　印刷物の制作を指して、DTP（Desktop publishing）と言います。DTPに必要な道具を順番に見てみましょう。

その他にも、プリンターやスキャナー、用紙やインキの見本などがあるとよい。

●コンピュータ

　最新モデルである必要はありませんが、グラフィックデザインができる容量が必要になります。一般的にAdobe Creative Cloudのアプリで制作する場合がほとんどなので、各アプリケーションが動作する必要システム構成を満たしていればMacとWindowsどちらを使ってもいいでしょう。ノート型のパソコンでも問題ありませんが、大きいモニターでマウス操作をするほうが、作業のストレスは少ないでしょう。

●デザインアプリ

　Adobe Creative Cloud（以下、Adobe CC）はアドビ社が提供しているソフトウェアの定額制サービスの名称です。加入することによりさまざまなアプリケーションを、月額あるいは年額のサブスクリプション（課金）で使用できます。Illustrator CCの単体プランやPhotoshop CCとLightroom classic CCを合わせたフォトプランなどもあります。ほかにもさまざまなアプリがありますが、本書ではPhotoshopとIllustratorについて取り上げていきます。

▼ Adobe CreativeCloud
（https://www.adobe.com/jp/）

●フォント（書体）

　書体とは文字の形のことですが、デジタルの世界では書体のデータをフォントと言います。フォントはさまざまな用途を想定して作られているので、デザインに応じて使い分けます。

　たとえば、「MSゴシック」という有名な書体があります。1990年代に開発され、以降Windowsに標準搭載されているのでご存じの方も多いでしょう。このMSゴシックは低解像度のディスプレイで見たときにきちんと日本語が見えるように設計されている書体です。そのため、よく観察すると、ひらがなの一部が直線的であったり太すぎたりするので、これを高解像度で印刷すると、どこか「やぼったい」印象を抱かれてしまうので、印刷物を作るデザイナーは、このフォントを使用しません（ウェブデザインでは、Windowsユーザー向けの標準フォントとして指定することはあります）。

　品質の高いフォントを用意する一番良い方法は、有料のフォントを購入することです。有料のフォントは大きく分けると、単体で買い切る方法と、定額制のサービスに分かれます。定額制の中では、フォントワークスによる「LETS（https://lets-site.jp/）」やモリサワによる「MORISAWA PASSPORT（https://www.morisawa.co.jp/）」が有名です。

▣ モニタで表示するために作られたMSゴシック

はじめるデザイン
知識、センス、経験なしでも
プロの考え方＆テクニックが身に付く

直線的な線や、縦線と横線が均一な幅で構成されているので、紙に印刷すると無機質や洗練されてない印象を抱くことも。

▣ 活字書体をベースに作られた太ゴB101

はじめるデザイン
知識、センス、経験なしでも
プロの考え方＆テクニックが身に付く

縦線と横線で幅が異なっていたり、線が書き文字の曲線に近い部分も多く（「は」や「に」などを見比べるとわかりやすい）、有機的で洗練された印象を抱かせる。

★太ゴB101はAdobe Fontsで使用可能です。
★書体選びのほかにも、行の間の間隔や、文字の間の間隔、余白のとり方なども大切です。

027

Adobe CCを契約すると、同じログインIDで「Adobe Fonts」というサービスを無料で利用できるようになります。IllustratorやPhotoshopなどのアプリの中で、高品質なフォントを利用できるサービスです。モリサワのフォントなども一部搭載されており、街中にあるパッケージデザインや広告のデザインにもAdobe Fontsで提供されているフォントが使われているケースも多くなってきました。本書ではこの「Adobe Fonts」で作例を作成しています。同じデザインを試してみたい方は「Adobe Fonts」のウェブサイトを参照して、フォント名を検索し、フォントをアクティベート（同期）してみましょう。

▼「Adobe Fonts」
（https://fonts.adobe.com/）

フリーのフォントを使用するのも選択肢のひとつです。良い字形のフリーフォントも多いのですが、文字の数が限られていたり、「商用不可」などの制約も多いので、フォント制作者が用意している規約を確認する必要があります。

●**スキャナー／デジタルカメラ／USBメモリーなど**

イラストや文字、写真の取り込みを行うにはスキャナーを、自分で撮影した写真を取り込むにはデジタルカメラと付属のケーブルを使用して写真を読み込みます。各種データの持ち運びやバックアップとして、USBメモリーや外付けハードディスクなどがあるといいでしょう。

●**素材集・素材サイト**

写真に関する一番の理想は、予算をとってカメラマンに依頼をして撮影してもらうことです。特に商品写真はぜひカメラマンに依頼しましょう。簡単な商品写真の撮影（ブツ撮り）であれば、ネットの検索でカメラマンを探すこともできますが、可能であれば人づてに紹介してもらうのがおすすめです。カメラマンには得意分野があるので、作品集を見せてもらうとよいでしょう。自分で写真を用意できない場合は、無料や有料の写真素材サイトを使用します。クオリティーやサイズに応じて価格も多岐にわたります。無料、有料を問わず、各種規約を読んだ上で使用しましょう。書店や家電量販店では素材集がついた書籍やCD-ROMを数千円から販売していますので、こういった素材集を使用するのもおすすめです。

▼有料素材サイトの「PIXTA」
（https://pixta.jp/）

▼無料写真サイトの「ぱくたそ」
（https://www.pakutaso.com/）

> Column

無料でチラシを作りたい！アドビじゃなきゃ駄目なの？

　本書では詳しく取り上げませんが、アドビ以外にもチラシやDMを簡単に作れる専門のソフトやサービスも発売されています。たとえばCanva（キャンバ）は、ウェブ上でチラシなどを作れるサービスです。
　こういったサービスやアプリは、アドビ製品に比べると機能が絞られているため習得が安易ですし、最初から用意されている素材なども豊富で、何よりサービスやアプリ自体が安価な点が良いポイントです。特にこのCanvaは基本料金は無料でデザインの作成が可能です。

▼Canva（https://www.canva.com/ja_jp/）

　一方、中にはExcelやWord、PowerPointなどを使って広告を作る人もいます。一部の印刷通販サイトなどでは、Officeでの入稿を受け付けているところもありますが、それぞれのアプリケーションが持つ、書類作成や表計算、プレゼンなどの本来の用途から離れてしまっているので、デザインの質の面からいうと、商業印刷物を作るのはあまりおすすめできません。
　本書が習得のハードルのやや高いアドビ製品を推奨するのは、読者の皆さんのビジネスが「拡張する」ことを前提にしているからです。たとえば、ゆくゆくは外部のデザイナーさんに任せていきたい場合を考えたときに、世界共通のグラフィックデザインのアプリケーションであるIllustratorやPhotoshopで作成されていると、データのやり取りなどの今後の拡張的な展開がスムーズに進行します。なによりも、本書で重視している「きちんと考えて、きちんと作る経験」を一度踏んでおくことで、今後自社のビジネスが大きくなってきて社外を含む他のスタッフの方に指示をする立場になった際に、その経験が活きるはずです。

10

レイアウトの基本の「き」

　デザインする上で避けて通れないのが、文字や写真などを配置する「レイアウト」です。レイアウトの良し悪しでデザインの半分以上が決まってしまうと言っても過言ではありません。良いレイアウトの定義は、掲載したい情報量や作りたい広告のサイズ、縦書きか横書きかによっても変わってきます。ここではいわゆるカッコよく見せるためのテクニックではなく、前提条件に左右されにくい、読みやすさのための基本的な3つの考え方を解説します。

「揃える」と「崩す」

　このページは（ほかのページも）、基本的に、文章の左側が揃っています。言葉にしてみると当たり前ですが、こうした「当たり前」が、じつは読みやすいレイアウトなのです。文章の各行の頭を揃えると、その文章はまとまって見えます。では、そのルールを破ってみましょう。

突然この位置に文字が出てきたら？

　ご覧のとおり、なんだか気持ちが悪いです。これは、位置や角度が他の文字や余白の量と揃っていないことによる違和感です。そこで、まずは要素同士の頭の位置や、間隔を揃えましょう。これは写真などを並べるときも同様です。

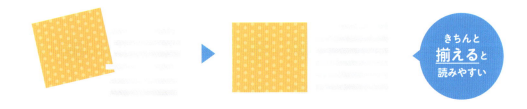

　こういった違和感を好意的にとらえて、あえて言いたいメッセージだけを揃えないで注目させるというテクニックもありますが、こうしたテクニックは、一定の要素がきちんと揃っていてはじめて成立するものです。まずは、きちんと「揃える」ことを意識しましょう。

「見せ場」を大きく配置する

　広告など、遠くからでも目立つ必要がある場合は、物理的に大きさのメリハリを付けていく必要があります。何が大きくて何が小さくあるべきなのかは、『04.「想い」と「条件」を「5W3H」で整理しよう』でも述べたように、あらかじめ優先順位を付けておきます。大きさの違いは、多くても3〜4段階くらいまでがいいでしょう。あまりにバラバラでは、揃っていないので読みにくいと判断されてしまいます。

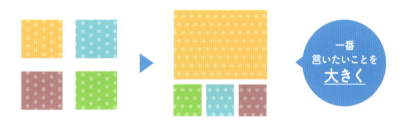

余白で「近づける」

　レイアウトには、物理的に近い部分に配置されている要素同士について、見る側が関連性を見出す、という原則があります。たとえば商品写真とキャッチコピーが近いことで、その商品のことを言っているコピーだということがわかります。

　それでは、「近づける」ためには、どうしたらいいのでしょう。ポイントは「余白」です。近づいている部分"以外"の余白をたっぷりとれば、必然的に余白をとっていない部分の要素同士は、より近い、関連性のある要素だと感じることができます。

　デザインは「相対的」な作業です。ひとつが変われば、別の場所も変わるということを念頭において作業ができれば、部分的な修正が入っても、ほかの場所を一緒に調整して、バランスを欠くことなく作業を進められます。

11

色はどう決める？

　数値によって表現した色が実際のところ、明るい色か暗い色かどうかはまわりの色の関係性で変化します。また、色の感じ方も見る人が持っている文化的な背景によって異なります。「この色を使えば絶対に全員がこう感じる」というものはありませんが、色を選ぶ上でのちょっとしたコツはあります。色彩論などのルールから色を決めるのもよいですし、使っている写真やイラストの一部から色を拝借して展開する方法も紙面にまとまりが出て効果的です。

▌色を選ぶときのアイディア

　まずは「メインカラー1種類、サブカラー2〜3種類」を基本にしてみましょう。色の決め方としては、以下の考え方があります。どうしても配色が思いつかない場合は、会社やサービス、商品の「ブランドカラー」に注目するのがおすすめです。ロゴや名刺、ウェブサイトなど、すでにある自社のツールをヒントにして色彩を展開していくといいでしょう。

● 彩度（あざやかさ）や明度（あかるさ）の
　異なる同系色を使ってまとまりを出す

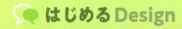

● 無彩色（黒、グレー、白）と
　ブランドカラーでシックに

● アクセントに補色（反対色）を使って
　ビビットな印象に

● 広告の季節を連想させる色や、
　広告内の写真に含まれている色を使う

目立たせるよりも、読みやすくする

目立たせるためにはとにかくたくさんの色を使ったほうがよいと考えがちです。確かに派手な色は目立ちますが、かえって見づらくて情報がきちんと伝わらないこともあります。いきなりたくさんの色を使うのではなく、読みやすい配色かどうかを考えてみましょう。

▼色数が多すぎるとかえって読みづらい

「トーン」と「コントラスト」

同じ彩度と明度をもつ、いわゆる同じ「トーン」同士の組み合わせは、まとまりは出ますがお互いが溶け込んで目立たなくなってしまうこともあります。異なるトーン同士の対比のことを「コントラスト」と言いますが、「コントラスト」がはっきりしているほうが視認性は上がると言えます。同じトーンは、白黒にすると近似の灰色になり、コントラストがはっきりしていると白黒化したときにハッキリとした違いが表れます。色に悩んだら、あえて一度デザインを白黒にしてみると新しい発見があるかもしれません。

Column

反対色（補色）とは？

色味（色相）を順序立てて円環にして並べたものを色相環（しきそうかん）といいます。この色相環の対（つい）の位置にある色を反対色（補色）と言います。

補色同士の色の組み合わせには互いの色を引き立て合う相乗効果があり、遠目からでも目を引くので企業のロゴなどによく用いられていますが、トーンが同じ補色を背景色と文字色に使うと読みにくくなることもあります。

12

実際に印刷して確認しよう

　DTPの長所は、モニターの中でデザインが完結するところ……と思っている方も多いのですが、チラシやポスター、ハガキといった印刷物は印刷してみてはじめて気が付く点も多くあります。誤字や脱字、デザイン上のミスはもちろんですが、印刷に必要な「塗り足し」や「トンボ」がある状態と、完成後の状態とでは印刷物のイメージが変わって見えることもあります。必ず自分で印刷して、文字の大きさや誤字・脱字などを確認しましょう。

印刷してミスがないかをチェック！

　一説によると、人間はモニターで見たときよりも、印刷して紙で見たときのほうがミスを発見しやすいのだそうです。作業しているときと、校正（文字に誤字脱字などがないかの確認作業）をするときには、気持ちを切り替えてどちらかの作業に専念したほうが効率が良いので、そういった意味でも、印刷物は一度自分で印刷して、紙で誤字や脱字をチェックしましょう。印刷した用紙に赤ペンで修正点を書き込んでおき、修正した部分から蛍光マーカーなどでチェックを入れると、修正漏れを減らすことができます。

　また、校正は制作者自身を含め複数人で行うことをおすすめします。3人程度の確認者がいると安心です。制作者自身が気が付かないミスはどうしても発生しますし、複数人で校正を行うことで、制作者ひとりが責任を負う必要もなくなります。

印刷＆「トンボ」で切ってデザインをチェック！

　印刷所では、トンボ（トリムマーク）という仕上がりサイズに断裁するための目印を付けるのが一般的です。このマークを基準に断裁するので、フチがなく、紙面の端にもしっかり絵柄や色を載せられます。レイアウトが決まったら、印刷所へ入稿する前に印刷し、トンボを利用して実際の断裁機と同じようにカットして確認しておくと、納品された状態に近いものを確認できるので、より緻密なデザインの調整も可能になります。

● トンボの名称

● 仕上がりがA4サイズのトンボの切り方

2章や3章のようなデータの場合は、Illustratorの[ファイル]メニューの[プリント]で「トンボと断ち落とし」から「トンボ」にチェックを入れるとトンボ付きのデータを印刷できます（詳しくはP146で紹介）。任意のサイズでトンボを作る方法はP113で紹介しています。

1　B4用紙で出力します。右上と右下のコーナートンボに定規をあてます。コーナートンボのトンボの線を切らないよう、内側の「仕上がり」の線だけをカッターでまっすぐ切ります。

2　2辺目、3辺目を切るときには、姿勢を変えずに紙のほうを回転させるとスピーディーに作業できます。4辺繰り返して、窓を抜くような形でA4サイズを切ります。

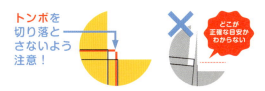

★ カッターの刃は定期的に折って切れ味を保ちましょう。
★ 特にプラスチック定規を使うときには、誤ってカッターで定規を削ってしまわないように気を付けます。目盛り側が斜めに作られている定規も多いので、反対の面を使いましょう。

035

さまざまな印刷方法

印刷は、枚数や品質、用途に応じてさまざまな選択肢があります。その必要な部数や納期までの時間に応じていろいろな方法が考えられ、また、データの作り方に違いがでてくることもあるので、不安な場合には事前に印刷会社へ相談しておくといいでしょう。

部数によって適切な印刷方法は異なる

通販型の印刷サービスの登場によって大型の印刷機を使った「オフセット印刷」は、身近な印刷方法になってきました。こうした通販型の印刷会社を利用する上では、発注前に紙や印刷の見本を取り寄せておき、実際のインキや紙の質感を確認したり、「色校正」を依頼するのがおすすめです。印刷通販は安価な反面、データのチェックは最低限なので、文字の校正などはしてもらえません。データの制作は自己責任だという前提で作成しましょう。同じチラシを刷る場合でも、部数や納期に応じてさまざまな方法があります。

●500部以上ならオフセット印刷
書籍や広告など大部数の商業印刷に使用される。枚葉機（平台）と輪転機があり、印刷物の用途によって使い分けられる。「版」をつくるという工程上、小ロットには向かない。

●100部以下ならコピーショップへ
コピーショップを利用すると、数十部程度のチラシであればその場で印刷してもらうことも可能。

●100〜500部ならオンデマンド印刷
版を作らずデータをダイレクトに読み取り、複写や加工などを一貫処理することができるため、多品種・短納期・小部数に向いている。千部単位の大部数になると一部あたりの単価はオフセット印刷のほうが安価になる傾向にある。

●数部ならコンビニコピーも
最近の主要なコンビニエンスストアのレーザープリンターはUSBメモリーやネット経由でデータ転送によってPDFの印刷データがきれいに印刷できる。店内のお知らせなど、きれいに印刷したいときには覚えておくとよい。ファイル容量の上限に注意する。

デザインアプリを使おう

～PhotoshopとIllustratorの基本

実際の制作作業へ入る前に、ここでは代表的なデザイン制作アプリであるアドビにはじめて挑戦する方へ向けて、インストールや画面の構成をご紹介します。アドビのアプリは種類が多くアップデートも頻繁ですが、本書で扱うPhotoshopとIllustratorだけに関して言えば、見た目や「基本操作」が似ているので、基本的な用語とちょっとした操作を覚えておくだけで作業が快適になります。一方で、見た目が似ているPhotoshopとIllustrator、なぜ2つのアプリが必要なの？ 片方では駄目？ まずはそういった疑問に回答していきます。

01

「フォトショ」と「イラレ」

デザインの仕事をしたことがなくても、この言葉は多くの方がどこかで耳にしたことがあるはずです。英語圏では画像加工するという意味で"photoshop"という表現があるほどだと言えば、世界的なシェアの高さがわかるのではないでしょうか。このように、デザインやイラスト制作に特化したアプリとして一般にも広く知られているアドビのPhotoshopやIllustratorですが、その特徴や使い分けまでを熟知されている方は多くはなさそうです。両者はデザイナー向けのアプリなので、当然のことではありますね。

写真の加工・修正に強い「Photoshop（フォトショップ）」

デジタルカメラで撮影した画像を拡大してみると、以下の図のようにピクセル（ビットマップ）の集合でできていることがわかります。Photoshopは、ビットマップ形式の画像を編集するアプリです。このピクセルの色や数を修正することで、写真のサイズを調整したり、人物の肌のシミを消したりするのが得意です。作業にあたっては、1インチにいくつピクセルがあるかどうかの「解像度（ppi）」という数値を最初に確認して作業する必要があります。ピクセルの数が多いほうが精密な描画ができますが、適正な値は媒体によっても異なります。たとえばA4サイズのチラシなどの印刷物であれば、概ね350ppi前後がいいとされています。

▼デジタルカメラで撮影した写真画像

▼左の画像を拡大するとピクセルの集合で画像が作られていることがわかる

パーツ作成やレイアウトに便利な「Illustrator（イラストレーター）」

　Illustratorは「ベクター形式」のオブジェクトを編集するアプリです。Illustratorで作った線や文字、図形はすべて座標で管理されていて、「拡大/縮小しても輪郭や色が劣化しない」という特徴があります。こうした性質もあって、現在ではあらゆるデザイン、特に文字や写真を使ったレイアウト作業はもちろん、輪郭がハッキリしたロゴやイラスト、地図を描く上で欠かせないアプリになっています。

▼Illustratorでロゴや地図を作る

▼Illustratorでレイアウトをする

それぞれのアプリが得意な仕事を割り振ろう

　両者は高機能なアプリなので、実際のところはPhotoshopでロゴを作ってレイアウトをしたり、Illustratorで写真加工などができないこともないのですが、Photoshopで作ったロゴは拡大するとビットマップのピクセルが目立ってしまうので使い回せなかったり、Illustratorでは肌のシワを取ったり、特定の部分を明るくするといった細かい補正ができなかったりといった不便さは否めません。長期的に考えると、ポスターやチラシを作成する場合はPhotoshopで写真などの素材を加工してIllustratorでレイアウトや文字入力を行う分業制がおすすめです。

▼Photoshopで加工した写真をIllustratorへ配置してチラシが完成する

> Column

ページものを作るときに便利なInDesign

　本書で紹介する2つのアプリのほかに、印刷物の作成に特化したアドビのアプリとしてInDesign（インデザイン）があります。InDesignはページを管理できるので、カタログや雑誌・書籍の作成に向いているアプリです。たとえばページ番号を自動で入れたり、ページごとに特定のフォーマット（ひな形）をあてはめるなど、InDesignにできてIllustratorにできないことも多くあります。こういったページものを作成するときは、レイアウトはInDesign、イラストや地図、ロゴなどのパーツ作成はIllustrator、写真の加工はPhotoshopというように、さらに役割分担をしていきます。

▼ページ機能が充実している「InDesign」

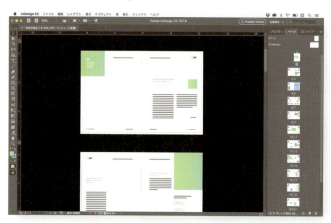

02

アドビのアプリをインストールして起動する

　現在、アドビのアプリはウェブサイトからのダウンロードする方式を取っています。体験期間中は無料で使用することができるので、思い立ったらインストールして使ってみることが可能です。ここでは、WindowsのPhotoshopの体験版を例に、アプリをインストールして起動しましょう。

ダウンロードとインストール

1 アドビのサイトへアクセス（https://www.adobe.com/jp/）して「体験版で始める」をクリックし、Photoshopの「体験版ダウンロード」をクリックします。

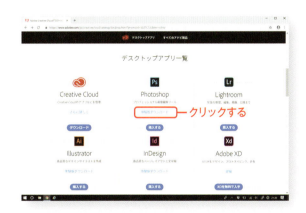

2 Windowsでは.exeファイルが自動でダウンロードされます。ダウンロードされたファイルをダブルクリックで展開すると、Creative Cloudのログイン画面が表示されるので、[新規登録] からIDとパスワードを新規作成して入力します。FacebookやGoogleのアカウントでもログインが可能です。ログイン後、Photoshopのインストールが開始されます。
★Macでは、dmgファイルが自動でダウンロードされます。

3 アプリのインストールが完了したら「無料体験版を開始」をクリックすると、初回は自動でPhotoshopが起動し、スタート画面が表示されます。
★体験期間内にライセンスをウェブサイトや家電量販店等で購入し、「マイページ」でシリアル番号を入力すれば使用を継続できます。ライセンスは年間契約が基本となっていて、アプリ単体のプランや、Creative Cloudに含まれるすべてのアプリが使えるコンプリートプランなどが用意されています。会社などで使用する場合は、IllustratorとPhotoshop両方が使えるコンプリートプランがおすすめ。詳しい料金や支払い方法はアドビのサイトを確認しましょう。
★「マイページ」は、スタート画面に表示されるアプリの右上のアイコンをクリックすることでアクセスできます。

4 ダウンロードが完了すると、Creative Cloudのショートカットが作成されます。Windowsは「スタート」メニュー（❶）、Macは上部のメニューバーにアイコンが作成されます（❷）。このショートカットから各種アプリを起動するか、「アプリケーション」の「Photoshop」からアプリを起動できます。
★Windowsであればタスクバーや、MacであればDockにショートカットを作成しておくと便利です。

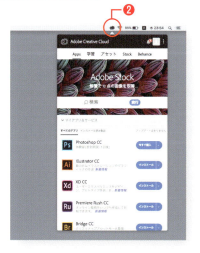

5 起動したPhotoshopを終了するには、Windowsは［ファイル］メニュー －［終了］、Macは［Photoshop］メニュー －［Photoshopを終了］を選択します。

> **Column**

アプリのバージョンを確認しよう

　アドビのアプリは頻繁にアップデートされます。本書はCC 2019（Illustratorは23.0、Photoshopは20.0.0）をベースに解説をしていますが、新機能が搭載されたり、使い勝手が少しずつ変わるケースもあるので、本書や他の書籍・ウェブサイトなどで学習をすすめる際には、皆さんがお使いのアプリと、解説に使われているアプリのバージョンを確認しましょう。年号でのメジャーアップデートのバージョン番号は、アプリの中央上部に記載があります（❶）。

　メニューの「Photoshop CC」から「AdobePhoroshopCCについて」をクリックすると（❷）、詳細なバージョン番号が表示されます（❸）。

03

基本的な機能の「名前」と「役割」

　PhotoshopやIllustratorのインストールができても、操作がはじめての場合、何から手をつけていいかわからない人が大半だと思います。実際に使い込んでみると「チラシやDMを作る」という目的が絞れているのであれば、使用する機能はそれほど多くありません。

　ところが、機能や項目の名前を知らないでいると、操作がわからなくなったときに、書籍を読み進めたり、調べて解決することができません。そのため、まずはアプリ全体に共通する代表的な項目について、名前と役割を学びましょう。

アプリの画面構成

　PhotoshopとIllustratorは、厳密には異なる部分も多いのですが、いずれもグラフィックデザインで使用するアプリのためか画面構成がよく似ています。まずは両方に共通する要素（名称）を知っておきましょう。

▼ PhotoshopとIllustrator共通の画面構成と名称を覚えよう

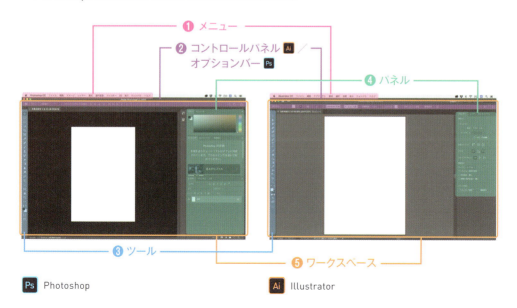

❶ メニュー

上部に表示される項目。画面の表示からファイルの保存、グラフィックの編集など、多岐に渡る。特に共通して使うのはファイルを保存したり書き出したりする［ファイル］と、ワークスペースやたくさんあるパネルなどの表示・非表示を切り替えられる［ウィンドウ］メニュー。

❷ コントロールパネル／オプションバー

メニューの下に表示される横長の項目。Illustratorの「初期設定」ワークスペースでは非表示になっているので、［ウィンドウ］メニューから表示させるといい（P46参照）。各種ツールの細かい数値などの調整を行える。こうした設定はツールの種類によっては「パネル」からでも可能だが、広いモニタの中でマウスで操作していかなければならないので、調整ができる場所は多いほうがいい。

❸ ツール

右側に表示されるアイコン群。「ブラシ」や「文字」など、道具箱のような役割を持つ。長く押すと、類似の別のツールに切り替えることができる。たとえば、「横書き文字ツール」を長く押すと、「縦書き文字ツール」が表示できる（↓）。

❹ パネル

右側に表示される枠を指す。たとえば、ツールでブラシ（筆）を選んで、パネルでカラー（絵の具）を選ぶ、というような使い方をする。色を選んだりするほか、後述する「レイヤー」の調整などでも活躍。パネルはクリックして開いたり閉じたりできるほか、いくつかのグループ（パネルグループ）でできているので、ドラッグ操作でグループ関係を整理できる。

❺ ワークスペース

作業画面のことを「ワークスペース」と言う。パネルの移動が自由にできるので、表示や位置がワークスペースの中でぐちゃぐちゃになってしまったときに、「ワークスペース」のリセット機能を使うと（P46参照）、自動でワークスペースを整理して初期状態にセッティングし直してくれる。用途に合ったワークスペースを選ぶ。

定規／単位／ガイド

「ガイド」とは、印刷などには表示されず、アプリの中だけで表示される線のこと。真ん中に引いておくことで左右対称なデータを作りやすくなったり、四隅に引いておくことで、そこから外へは写真を置かない、などのルール決めに役立つ。ガイドを作成する方法はいくつかあり、まずは「定規」を表示させる（P47参照）。

スムーズに作業するための項目

アプリの作業環境を使いやすく整理しておくのは大切な作業です。その中でも、表示の方法でつまづきやすい項目を紹介します。

👉「コントロール」の表示　[ウィンドウ] メニュー －［コントロール］

👉 ワークスペースをリセットする
[ウィンドウ] メニュー －「ワークスペース」－「(ワークスペース名)のリセット」

用途によって主力になるツールやパネルは異なるので、それぞれのユーザーに合わせたワークスペースが用意されている。本書は「ワークスペース」を「初期設定」にして解説を行っており、「ワークスペース」関係は、[ウィンドウ] メニューからアクセスできる。

Photoshop　　　　　　　　　　　　Illustrator

「定規」を表示する　[表示] メニュー － [定規の表示（非表示）]

　定規は、ドキュメント（アートボード/カンバス）の左上が原点となっている。「定規」の目盛り上で右クリックすると単位を選べるので、必要があれば、作成したい媒体に応じて単位を修正する。印刷であればmmがいい。「定規」の目盛の上でマウスをクリックしたまま下か右にドラッグし、特定の場所でマウスを離すとガイドを作成できる。また、[表示] メニューには、ガイドのロック（固定）、表示と非表示の切り替え、削除などのメニューがある。

Photoshop

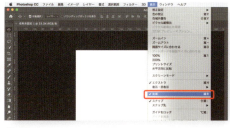
Illustrator

Column

WindowsとMacで異なる「環境設定」の場所

　2つのアプリについて、Windows版とMac版の違いはほとんどありません。大きく異なるのは「環境設定」の位置です。「環境設定」は単位や表示に関する項目など、確認する機会の多い項目です。

▼ Macで「環境設定」を開く
[Photoshop（アプリケーション名）] － [環境設定]

▼ Windowsで「環境設定」を開く
[編集] － [環境設定]

04

ストレスの少ないアプリの使い方

　筆者ははじめて体験版を起動したとき、立ち上がった画面が小さくて、何をしたらいいのかわからず、すぐに挫折して体験期間を終えてしまいました。画面を大きくして操作したほうがいいということを誰も教えてくれなかったからです。この体験は我ながら極端な例ではありますが、これから勉強していきたい読者の皆さんにはそういった不毛な経験をしていただきたくありません。そこで、本書を通してこれからデザインをはじめたいと思う方へ向けて、スムーズに作業を進めるヒントを紹介します。

アプリは「画面いっぱいの大きさ」で操作しよう

　本書を含め、書籍などでは、デザインの工程は一本道のように見えます。ところが、実際は試行錯誤の連続で、全体のバランスを見ながら細部のディテール（詳細）を整える作業の繰り返しです。試行錯誤をしやすいように、各種アプリの画面は最大にしておきましょう。

　下記のショートカットを覚えておくと、アプリ同士を切り替えられます。

　　アプリを切り替える　●Mac　　　　command + tab キー
　　　　　　　　　　　　●Windows　Alt + Tab キー

左手で操作する「ショートカット」

　たとえば、ファイルを開いたりやり直しをするのは、アドビだけでなくWordやExcelをはじめとした他のアプリでもよく行う操作なので、ショートカットを確認しておきましょう。ショートカットは動作の単語の頭文字になっていることが多いので、単語と一緒に記憶しておくとすぐに覚えられます。

▼よく使うショートカット

できること	正式名称	覚え方	Mac	Windows
ファイルを開く	［ファイル］メニュー － ［開く…］	Open	command + O	Ctrl + O
新しくファイルを作る	［ファイル］メニュー － ［新規…］	New	command + N	Ctrl + N
ファイルを保存する	［ファイル］メニュー － ［保存］	Save	command + S	Ctrl + S
要素※を複製する	［編集］メニュー － ［コピー］	Copy	command + C	Ctrl + C
要素※を貼り付ける	［編集］メニュー － ［ペースト］		command + V	Ctrl + V
一つ前の操作に戻る	［編集］メニュー － ［取り消し］		command + Z	Ctrl + Z

※要素とは、Illustratorのオブジェクトや Photoshopレイヤーなどを指す。「テキストツール」内では文章のコピー&ペーストができる。Photoshop CC 2018 からレイヤーのコピー&ペーストが C & V でできるようになった。Photoshop CC 2019 からは、何度も command （Ctrl）+ Z で戻れるようになった。

V や Z のキーをはじめ、主要なショートカットはすべてキーボードの左半分に集約されていることがわかります。command （Ctrl）と一緒に左手で押せるように設計されているので、左手で複数キーボードを押しながらショートカットを使って右手でマウスを動かすというのが想定されていることがわかります（左ききの人には辛いところではありますが）。

▼キー操作のポイント（Macの場合）

特によく使うショートカットキーは左手側に集中。右手にマウス、左手でキー操作が基本。
片手だけの操作は速度ダウンに。方向キーは数値や位置を小刻みに修正するのに便利。

「移動」・「拡大」・「縮小」のショートカットを覚えよう

　同じく左手で操作することの多いショートカットが、「移動」・「拡大」・「縮小」です。各アプリのドキュメントはそれぞれ拡大/縮小しながらデザイン制作ができます。画面の下に表示されているパーセントを変更したり、「ズームツール（画面を拡大するツール）」 を選択して画面をクリックして拡大/縮小するのも簡単な方法ですが、最も簡単で速いのは、このショートカットを覚えてしまうことです。

▼移動・拡大・縮小のショートカット

	Mac	Windows
移動	スペースバー + ドラッグ	スペースキー + クリック&ドラッグ
拡大	スペースバー + [command] + クリック	スペースキー + [Ctrl] + クリック
縮小	スペースバー + [command] + [option] + クリック	スペースキー + [Ctrl] + [Alt] + クリック
100%表示	[command] + 数字の [1] のキー	[Ctrl] + 数字の [1] のキー

※ [Z]キーでズームツールに切り替えて、クリックで拡大、[option]（[Alt]）キーで縮小も可能です。

　拡大と縮小を繰り返しながら、スペースキー（スペースバー）とマウスのクリック&ドラッグで画面を移動して修正する、というのがIllustratorとPhotoshop共通の基本動作になります。いきなり習慣づけるのは難しいかもしれないので、最初は野球の素振りのように、慣れるまで白紙のドキュメントで何度か練習してみましょう。

こまめに保存しよう

　どんなアプリにも共通ですが、突然アプリがクラッシュしたり、何かしらの原因でパソコンの電源が切れてしまう可能性もゼロではありません。PhotoshopやIllustratorには「復元」の機能もついていますが、自分でこまめに保存しておくのが一番です。作業を進めると、未保存のデータがある場合、ファイル名の末尾に*（アスタリスク）のマークが付きます。［ファイル］メニュー －［保存］を選ぶと、*のマークが消えることがわかります。

　これを手がかりに、ある程度まとまった作業が終わったら、保存（[command]（[Ctrl]）+ [S]キー）を欠かさないようにしましょう。

▼未保存のデータはファイル名の末尾に*マークがつく

ファイル名に*が付いている

手に馴染む道具を使おう

ストレスのない操作をする上で重要なのは、マウスやキーボードです。手の大きさや指の太さは人それぞれですから、カスタマイズが許されるのであれば、無理に純正のマウスを使ったり、ノートパソコンのタッチパッドで操作する必要はありません。自分の手に合った道具を使うことをおすすめします。

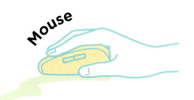

Column

画面を明るくして使おう

IllustratorやPhotoshopは、ダークUIという暗い画面が採用されています。このダークUIは変更することができるので、暗い画面が見づらいなと感じたら変更しましょう。
※「環境設定」についてはP47のコラム「WindowsとMacで異なる「環境設定」の場所」を確認してください。

ダークUIを変更する

[環境設定]－[ユーザーインターフェイス]（❶）－「アピアランス」－「カラーテーマ」の各四角形をクリック（❷）－[OK]ボタンをクリックする（❸）。色のチップをクリックすると、UIのカラーが変わる（❹）。

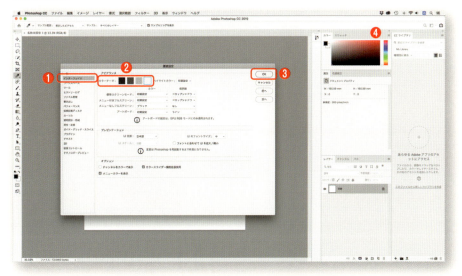

05

グラフィック作成に欠かせない「レイヤー」

「レイヤー」はIllustratorとPhotoshopの中でも特によく使う機能です。透明なフィルム（レイヤー）が重なっていて、それぞれのフィルムの中で画像を編集するイメージです。

レイヤーの基本操作

レイヤーという層に分けておいて、修正の済んだレイヤーをロックしておいたり、表示のやり直しや微調整がとてもラクになります。[レイヤー] パネルから操作できます。

▼[レイヤー] パネルのマウス基本操作

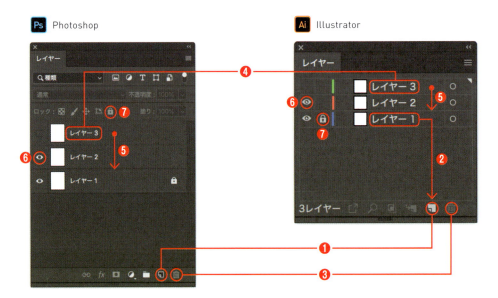

新規作成	下部の紙のマーク（❶）をクリック
複製	レイヤーをクリックして下部の紙のマーク（❷）にドラッグ
削除	レイヤーをクリックして下部のゴミ箱のマーク（❸）にドラッグ
名前を変える	レイヤー名の上でダブルクリック（❹）
順番を変える	レイヤーをクリック＆ドラッグする（❺）
隠す/表示する	目のマーク（❻）をクリック
ロックする/解除する	鍵のマーク（❼）をクリック
複数選択する	[command]（[Ctrl]）キーを押しながらレイヤーをクリックしていく

Photoshopのレイヤー

Photoshopでは基本的に「文字を入力する」「四角形を描く」といった、ひとつの操作に対して1枚のレイヤーが割り当てられるので、レイヤーの数が多くなりがちです。特に文字については、「文字ツール」を選んでカンバスの中で1回クリックしただけでレイヤーができてしまうこともあるので、作業がひと通り終わったら、不要なレイヤーを削除したり「レイヤーグループ」にして整理します（❶）。

レイヤーグループを作成するには複数のレイヤーを選択してからフォルダのアイコンへドロップして、作成します。写真編集をすることの多いPhotoshopでは、写真を開いたら（❷）レイヤーを複製して別のレイヤーにして、複製したレイヤーを元にして作業すると（❸）、万一のときに元の素材を参照し直すことができます。

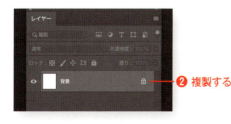

❷ 複製する

❸ コピーで作業する

Illustratorのレイヤー操作

Illustratorでは、任意のレイヤーを作業者自身で作成するのが基本です。レイアウトの用途で使用することが多いので「写真」「文字」「イラスト」などの、部分ごとに名前を付けておきましょう。

特定のオブジェクトを選択しているときに、[レイヤー] パネルの各レイヤー名の右側にある丸アイコンをクリックして移動したいレイヤーの丸アイコン右の ■ へドラッグすると（❶）、そのオブジェクトを別のレイヤーへ移動できます。

❶ クリックしてドラッグする

Column

Illustratorでは、オブジェクトの「ロック」と「隠す」を使ってレイヤーを増やさず作業しよう

レイヤーはいくつ作っても影響はありませんが、多すぎると管理が大変です。そこで、触りたくないオブジェクトを「ロック」をしておくことで、余計なレイヤーを増やすことなく、オブジェクトを固定できます。

ロックしたいオブジェクトを選んで [オブジェクト] メニュー ー [ロック] を選択すると、選んだオブジェクトがロックされます（❶）。同様に [オブジェクト] メニュー ー [隠す] を選ぶと（❷）、一時的に選んだオブジェクトが見えなくなるので、背面にあるオブジェクトだけを選択・編集したいときなどは、こちらも活用してみましょう。Illustratorのオブジェクトの順序については、P63で紹介しています。

Photoshopの基本

写真をはじめとしたビットマップデータを扱うことに長けたPhotoshopは、画像の特定の部分を選んで修正するのが得意です。Photoshopの画面構成と、場所を指定するための「選択範囲」の役割やその作成方法を中心に紹介します。

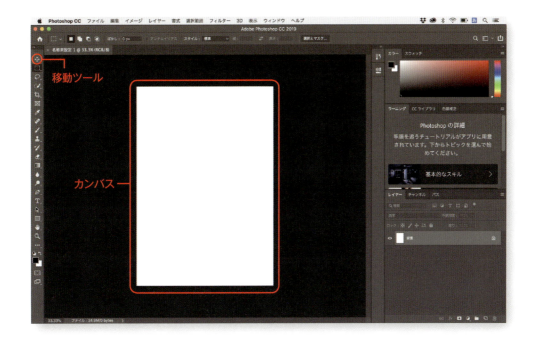

カンバス

Photoshopでは作業領域のことを「カンバス」と言います。
※ウェブデザイン向けの機能として「アートボード」も使用可能です。

移動ツール

オブジェクトの移動は左上の「移動ツール」に持ち替えて作業する必要があります。このとき、オプションバーで「自動選択」にチェックが入っていると、作業の自由度があがります。拡大や縮小、移動に便利なバウンディングボックスを表示する「バウンディングボックスを表示」にもチェックしておくといいでしょう。

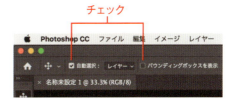

拡張子

Photoshopの基本拡張子は「.psd」です。ほかにも画像や動画ファイルなど、さまざまなデータを扱うことができます。

※スマートオブジェクトや2GB以上するデータ、一辺が30000pxを超える大きいデータ向けの拡張子として、「.psb」という拡張子もあります。

▍画像の加工に欠かせない「選択範囲」

　写真全体ではなく、特定の場所だけを加工や修正したいときには、「選択範囲」と呼ばれる、Photoshop上でだけ表示される、破線を作成する必要があります。画像の一部分を加工するときの操作は、4つの繰り返しになります。

❶ 素材を用意する（開く/配置）
❷ 編集する場所を決める
　2-1 編集したいレイヤーを選ぶ/編集用のレイヤーを新しく作る
　2-2 選択範囲を作る
　　　失敗したら、選択範囲を「解除」して作り直す
❸ 編集する方法を選んで実行する
❹ 数値などを調整して完成

　特に❷の操作はPhotoshop独特の操作です。この作業は、外壁などをペンキで補修するときにマスキングテープで周りを保護して、決められた場所以外の余計なところにペンキがつかないようにする作業と同じ役割を持ちます。Photoshopでは、「作った選択範囲でマスクする」という表現をします（マスクにはいくつかの種類があります）。

　「選択範囲」の作成自体は、あくまで作業箇所を絞るためのマスキングテープを貼る作業なので、「選択範囲」を作っただけでは「ペンキ（色や効果など）」はまだ塗られていない状態です。何度やり直しても、元の写真に影響がでることはないので、満足のいくかたちができるまでトライしてみましょう。

　❸を実行した後で、変えた色をもう一度調整したり、効果を削除してやり直しをすることもあります。そこで元の画像とは別のレイヤーで作業する❷の必要性が出てきます。画像の一部に色を塗る場合を例に、作業の例を見てみましょう。

花をピンク色を塗る

■1 ［ファイル］メニューから素材を開きます。［レイヤー］パネルから新規レイヤーを作ります。

■2 ■1で作ったレイヤーをクリックして選択します。選択したレイヤーに対して編集作業をするので、もとの素材レイヤーに直接色を塗らなくて済みます。

■3 「なげなわツール」で花の輪郭をドラッグして囲んで（❶）、「選択範囲」を作ります（❷）。

★ Shift キーを押すと、複数の場所に選択範囲を作成できます。
★選択範囲を作るのに失敗したら、［選択範囲］メニュー→「選択範囲の解除」で解除します。

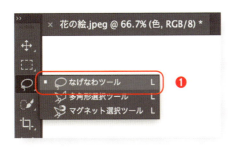
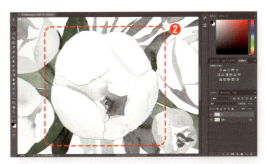

■4 「ブラシツール」を選択し（❶）、コントロールで色とサイズを設定して色を塗ると（❷）、選択範囲の内側だけを塗ることができます（❸）。

5 作業が済んだら、[選択範囲] メニュー －[選択を解除]で選択範囲を解除して作業を完了します。

★画面では[レイヤー]パネルのレイヤーの描画モードを「オーバーレイ」にしたので、ピンク色を塗った上のレイヤーが透けて、下のレイヤーの白い花にピンクが着色されました。

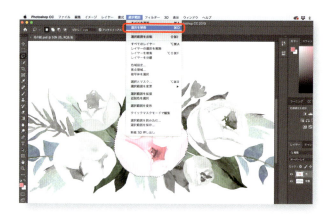

　この作例では「なげなわツール」で自由な形を作って選択範囲を設定することで、その範囲にだけ色を塗れることを示しました。

　ほかの使用方法として、画像を補正するときに補正したくない部分だけを選択範囲を作って覆っておいたり、選択範囲で覆った部分の色を「色調補正」で変更したり、選択範囲で選んだ部分を隠しておく「レイヤーマスク」など、「選択範囲」はさまざまな用途に活用できます。

　「なげなわツール」は、選択範囲を作るための基本ツールですが、マウスのドラッグ操作でなぞって正確な形を作るのは思った以上に大変な作業です。実際の制作現場では、下地となっている画像の種類に応じて、クリックしながら選択範囲を作っていく「多角形ツール」や、半自動で選択を行う「クイック選択ツール」などがよく用いられています。また、画像の種類によっては、「自動選択ツール」や、写真の被写体をPhotoshopが自動で識別してくれる「被写体を選択」（[選択範囲] メニュー －[被写体を選択]）なども便利な機能です。

Column

Photoshopで何度も元に戻したいとき (Photoshop CC 2018以前)

　Photoshop CC 2019から、ショートカットで複数回の「やり直し」ができるようになりました。それ以前のバージョンのPhotoshopでは、ショートカットで「やり直し」ができるのは1回だけです。以前の作業を遡りたいときには、[ウィンドウ] メニュー －[ヒストリー] から、[ヒストリー] パネルを開いて、戻りたい部分の項目を選択します。

Illustratorの基本

　ベクター形式で図形や線を描くことのできるIllustratorは、イラストやグラフ、ロゴなどの作成をはじめ、チラシやDMのレイアウトにも活躍します。ここでは、Illustratorの画面構成と、オブジェクトの作成方法、写真（ビットマップデータ）の配置について紹介します。

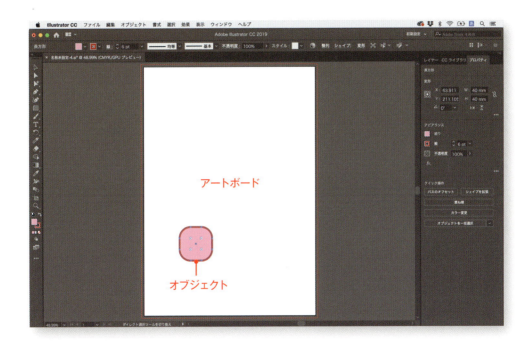

アートボード
Illustratorではドキュメントの作業領域のことを「アートボード」と言います。このアートボードのサイズが、制作する印刷物やウェブのサイズになります。

オブジェクト
Illustrator上に配置したすべての「形」のことを「オブジェクト」と言います。オブジェクトは「選択ツール」を選んでいるときにクリックすると「選択」ができ、ドラッグすると「移動」ができます。複数のオブジェクトを移動したいときは、Shiftキーを押しながらクリックするか、複数のオブジェクトの外側からマウスクリック&ドラッグをして、複数のオブジェクト全体を覆うように操作をすると、オブジェクトをまとめて選択できます。

塗り／線

面積を持つオブジェクトには「塗り」と「線」を設定できます。設定できる効果は主に単色、グラデーション、パターン、なし◢（設定しない）です。

オブジェクトの色を変えるには、まず色を適用したいオブジェクトを「選択ツール」で選びます。(❶)、ツールパネルの下部にある「塗り」「線」(❷)をそれぞれクリックし、手前に来たほうの「塗り」(もしくは「線」)について、設定したい効果を選びます(❸)。(❷)をダブルクリックすると色を設定できます。

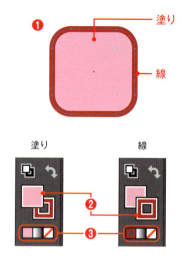

拡張子

Illustratorの基本拡張子は「.ai」です。この.aiファイルには、.psdや.jpg、.tiffなどの画像データを配置できます。

図形＆線を描く

　四角形や多角形、円や星などの図形や線といった、基本的なオブジェクトの描き方について解説します。作りたい図形に合ったツールを選んで、図形を描いていきます。直線は「直線ツール」で描くことができます。

任意のサイズで描く

「矩形ツール」から図形を選択して(❶)、アートボードの中でドラッグします(❷)。

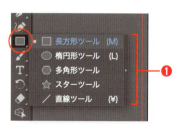
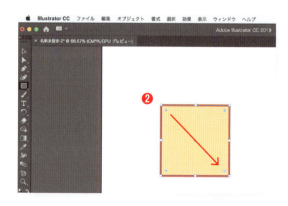

決められたサイズで描く

「長方形ツール」を選択して（❶）、アートボードの中でクリックすると、数値のダイアログボックスが出てくるので、任意の数値を入力して［OK］ボタンをクリックすると、その値の図形を描けます（❷）。三角形を描きたい場合は、「多角形ツール」でこの操作を行い、「辺の数」を「3」にして［OK］ボタンをクリックすると（❸）、三角形を描けます（❹）。

★mmなどの単位の入力は不要です。

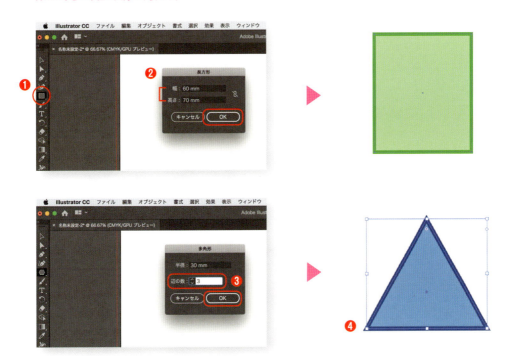

オブジェクトの大きさや角度を変える

「バウンディングボックス」を使って直感で変形する

オブジェクトを作った後に、「選択ツール」に切り替え、クリックしてオブジェクトを選択すると、オブジェクトのまわりに色の付いた四角形の線が表示されます。これを「バウンディングボックス」と言います（❶）。

★Photoshopにも「バウンディングボックス」があります（P55）。

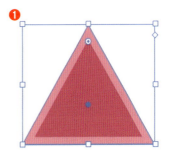

四つの角と辺の中点にある白い四角形をクリックして、内側か外側へドラッグすると、オブジェクトの拡大/縮小が可能です。Shiftキーを押したままドラッグ操作を行うと、縦横比を保ったまま大きさを変えられます（❷）。四つの角の外側へマウスカーソルをあてると、カーソルが湾曲した矢印のマークになるので、この状態でドラッグすると、角度を変更できます（❸）。

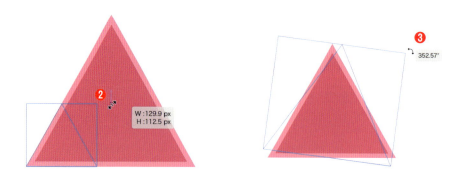

👉 バウンディングボックスの表示/非表示
［表示］メニュー －［バウンディングボックスの表示/非表示］

右クリックの「変形」を使って%を決めて変形する

拡大/縮小/回転などの変形をパーセントに応じて行うには、マウスの右クリックで、「変形」を選び（❶）、項目を選びます。ここでは「拡大・縮小」を選択しています（❷）。同様の操作は、ツールの「拡大・縮小ツール」などでも可能です（❸）。

062

数値と座標で変形する［変形］パネルを使う

［変形］パネルから、数値での変形ができます。［ウィンドウ］メニュー －［変形］をクリックします（❶）。X（横）とY（縦）は座標です。縦と横の比率を変更せずにサイズを変更する場合は、🔗 をクリックしてから数値入力をすると比率を保てます（❷）。

> 👆 ［プロパティ］パネルを出す　　［ウィンドウ］メニュー －［プロパティ］
> 👆 ［変形］パネルを出す　　　　　［ウィンドウ］メニュー －［変形］

「オブジェクト」の重なり順

　Photoshopと異なり、Illustratorは自動でレイヤーが作成されません。同一のレイヤーに作られたオブジェクトは、「後に作ったオブジェクトが手前にくる」というルールで配置されていきます。

▼後に作ったオブジェクトが手前にくる

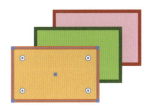

同一レイヤー間でオブジェクトの位置関係をコントロールするには、オブジェクトを選択して、[オブジェクト]メニュー－[重ね順]を選ぶか、右クリックで[重ね順]を選択します。

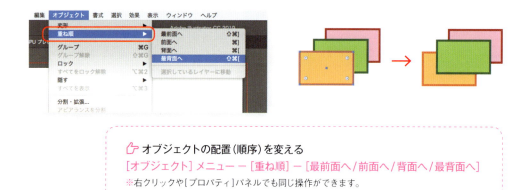

👉 オブジェクトの配置（順序）を変える
[オブジェクト]メニュー －［重ね順］－［最前面へ/前面へ/背面へ/最背面へ］
※右クリックや[プロパティ]パネルでも同じ操作ができます。

クリッピングマスク

　レイアウト作業には写真の配置はつきものです。最初に配置してから、写真のトリミング（画像の一部を切り出すこと）を少し変えたい場合、その都度Photoshopで画像を切り取っていたら、時間がいくらあっても足りず、微調整には不便です。そこでIllustratorでは、「クリッピングマスク」という方法を使って画像を配置していきます。

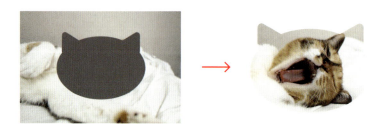

クリッピングマスクを使用すると簡単にトリミングできる。llustratorで作ったオブジェクトであれば四角や丸以外でもクリッピングマスクが可能。

　マスクの手順は2章・3章でも紹介しますが、実際の業務ではやり直したり調整したりの連続です。ここではクリッピングマスクを調整する方法について紹介します。ひとくちに調整と言っても、「マスクの元となっている形の調整」と「元の写真側の調整」では、操作が少し異なります。

クリッピングマスクを作る

Illustratorに写真を配置してから、オブジェクトを描きます。写真とオブジェクト両方を選択して（❶）、［オブジェクト］メニュー ー「クリッピングマスク」ー「作成」を選ぶと（❷）、「手前のオブジェクト」で「背面の写真」が型抜きされます（❸）。

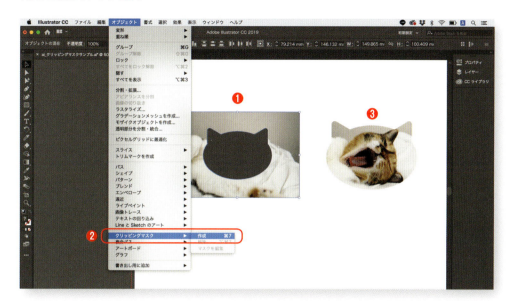

> 👉 **クリッピングマスクの作成**
> ［オブジェクト］メニュー ー「クリッピングマスク」ー「作成」
> ※右クリックや［プロパティ］パネルでも同じ操作ができます。

クリッピングマスク（形）の位置を変更する

「選択ツール」を選んで、マスクの中央をクリック＆ドラッグすると位置を移動できます。通常のオブジェクトと同じです。

クリッピングマスク（形）の大きさを変更する

「ダイレクト選択ツール」を選んでから（❶）画像の角をクリック＆ドラッグすると（❷）、形や大きさを変更できます（❸）。

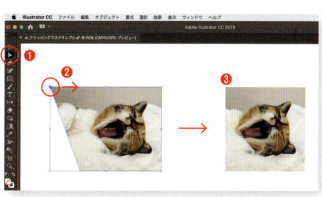

クリッピングマスク（形）の大きさを変更する 2

「ダイレクト選択ツール」で（❶）オブジェクトを選択しているときに（❷）、[変形] パネルの「長方形のプロパティ」から数値を修正すれば、正確なサイズ変更が可能です（❸）。

★ [変形] パネルは [ウィンドウ] メニュー－ [変形] で表示します。

クリッピングマスク（写真）の位置や大きさを変更する

「選択ツール」を選んで（❶）、マスクの写真部分をダブルクリックします（❷）。すると、上部に [クリックグループ]（グループ編集モード）が出現します（❸）。もう一度クリックすると、写真の領域がバウンディングボックスとして表示されます（❹）。画像をクリック＆ドラッグすると、画像を移動できます（❺）。グレーのバーをクリックすると（❻）、グループ編集モードが解除されます。

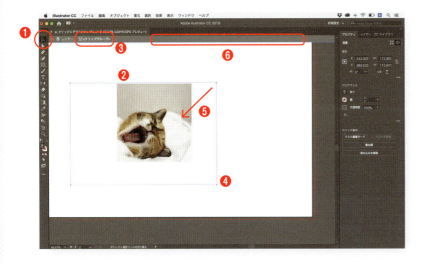

ダブルクリックして［クリックグループ］を表示する操作は［プロパティ］パネルの「マスク編集モード」からでも可能です。ダブルクリックが難しい方は試してみましょう。

> 👉 マスクになっている画像を表示する
> 「プロパティ」パネル →「クイック操作」「マスク編集モード」を選ぶ

クリッピングの元画像（.psdファイル）をPhotoshopで開く

「選択ツール」を選んで（❶）、マスクをダブルクリックします（❷）。すると、上部に［クリックグループ］（グループ編集モード）が出現します（❸）。もう一度クリックすると、写真の領域がバウンディングボックスとして表示されます（❹）。
コントロールの「オリジナルを編集」をクリックすると（❺）、.psdファイルの場合はPhotoshopが開きます（❻）。Photoshopで保存して閉じると、Illustratorのデータにも修正が反映されます。

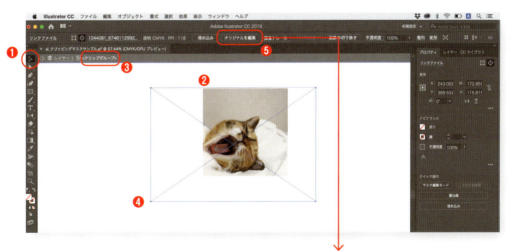

Column

猫型の作り方

❶三角形を描きます。「ライブコーナー」 ◎ を内側へドラッグして角を丸めます（P99も参照）。　❷楕円を描きます。

❸　❶の三角形をコピー＆ペーストして、反対に配置します。リフレクトはオブジェクトを左右反転にするツールです。

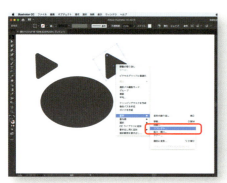 

❹　❶❷❸のオブジェクトを選択して、[パスファインダー] パネルから「合体」を選びます。

＼ 完成！ ／

商品を訴求するための
デザイン

～チラシを作ってみよう

2

「突然チラシが必要になった！ 外注している時間もないし、どうしよう……」そうなったときに、いきなりデザインアプリを起動するのは間違いです。まずは紙とペンをお供に、どういったチラシが必要なのかを考えるところからスタートです。それでは、実際にチラシを作ってみましょう。

01 プランニング

チラシってなんだろう

チラシにはさまざまな種類があります。物理的な大小や印刷枚数、配布規模も多種多様です。毎週折込チラシを出すようなベテランの企業はもちろん、開業したばかりのビギナーな企業にも作りやすいツールだと言えますが、せっかく作ったチラシも、お客さまの目にとまらなければ意味がありません。お客さまに手にとってもらい、「買ってもらえる」チラシを作るための第一歩として、チラシという媒体の特徴について確認してみましょう。

読まずに、「見る」。一瞬で判断されるチラシ

チラシという言葉は「散らし(散らすもの)」から来ているそうです。チラシとは基本的に、ばらまく媒体なのです。大多数の人は、ばらまかれたチラシを読みません。たとえば自宅のポストに投函された大量のチラシのすべてを、隅から隅まで読みませんね。たいていの方は、自分にとって要るものと要らないものを一瞬で「見て」、要らないと判断したチラシたちは残念ながらゴミ箱行きです。「見る」をクリアして、はじめてスタートラインに立てるということを意識しましょう。

▼私たちは毎日たくさんのチラシを「見る」

自分に必要なチラシだなと思わせるためにはキャッチコピー(宣伝文句)が重要です。デザインの書籍なのにお叱りを受けそうですが、デザインは変えずに、キャッチコピーを変えるだけで、売り上げや反響が変わることが多くあります。キャッチコピーは短く端的に大きく掲載し、お客さまが一瞬で必要だなと判断できるような工夫を凝らしましょう。まずは、どういった言葉なら一瞬で相手に必要だなと思わせられるかを考えるといいでしょう。

それでは、チラシにデザインは不要なのでしょうか？ もちろん答えは、必要です。きちんとした服装の人が信頼されるのと同じで、きちんとしたデザインはビジネスの上で信頼のバロメーターになります。人間もチラシも大切なのは中身ですが、アピール上手な方は魅力的に見えますし、外見も大切。選ばれるためには見た目がきちんとしていることは必須です。

いきなり売ろうとしない

　ポスティングや折込などの場合、商材によっても異なりますが、チラシの反響率は0.01%〜1%程度と言われています。チラシの製作だけを考えると、当然こうした反響率をあげることも重要ですが、ビジネス全体を考えると、獲得したお客さまをリピーターやロイヤルカスタマーに育てていくことのほうが重要です。そのためには、まず来店してもらうこと、あるいは何らかのかたちで申し込みをしてもらうことに注力しましょう。たとえば何千万円もする不動産を、チラシだけで即決する人はいません。実際の物件の見学や資料請求を通して、不動産を買っていくのです。チラシはお客さまとの接点を持つツールだと考えると、来店や資料請求をしてもらうためにはどうしたらいいか？　という新しい視点も生まれてきます。

　スーパーマーケットやドラッグストア、ホームセンターなどの量販店で金額を載せてモノを売ることに特化したチラシもあります（こうしたチラシを見るのは楽しいですよね）。じつはこれらのチラシの事業者も、安値の目玉商品を大きく載せることでお店に来店してほしいと考えています。多くの場合、手頃で買いやすい（値引きされた）価格の商品が大きく並んでいます。こうした商品をきっかけに来店を促すことで、店内で他の商品を一緒に買ってもらい、来店者数や客単価を上げたいという狙いがあるのです。

　化粧品や健康食品、英会話やフィットネスなどは、「初回お試し」「無料体験」などでお客さまとの接点を作ろうとするケースが多いです。「これを買ってくれ！」という気持ちをぐっとおさえて、まずは、まだ見ぬお客さまと接点を作るにはどうしたらいいかを考えてみてください。

　ポスティングや折込でなく、イベント会場など対面した方に渡すためのチラシであればこの限りではありません。シチュエーションに合わせてチラシを作るのが理想です。

Column

通販などの非来店型の場合は「反響率」を測る工夫を

　通信販売など、来店方式でない販売方法の場合は、サイトのアドレスやフリーダイヤルへの問い合わせ件数でチラシの反響率を正確に取得できます。そのためには、そのチラシ独自の番号を入れておき、その番号をお客さまからお聞きするようにしましょう。同じ商品のチラシをキャッチコピーを分けてテストする場合などは欠かせない要素です。隅に切り取り可能なハガキを付ける方法なども有効でしょう。

02 プランニング

チラシの種類を選ぼう

　本章の制作編ではA4サイズの片面カラーのチラシを制作しますが、実際の制作現場では、さまざまなサイズや用紙のチラシが作られています。また、デザインだけではなく、作ったチラシの配布方法も重要です。コストを掛けるからには、より反響が見込める方たちへ届けたいですよね。ここでは形状や配布方法を中心に、チラシの種類について紹介していきます。予算や伝えたい情報、ターゲットの属性を踏まえて、ビジネスに合ったチラシの種類を見極めましょう。

サイズと紙を選ぶ

　身近な紙の寸法にはおもにA判とB判があります。たとえばA3を半分にすればA4が2面になり、A4を半分にすればA5が2面分になります。一般的な書類はA4、ノートなどはB5です。

　紙の厚さは70kg、90kg、110kgなどと表示されています。これは用紙1000枚分の重さが何kgになるかの値（連量）です。A4であれば、90kg以上が一般的なチラシに適した厚さです。また、ポストカードや名刺などは180kg以上が一般的です。

印刷面とインキを選ぶ

　印刷コストは、納期と紙質、インキの数（版の数）で決まります。チラシの印刷コストを考える上でも、最初に印刷面が片面か両面かを決めます。次に印刷色を決めましょう。カラーよりは1色のほうが安く済みますが、写真やイラストの訴求力は落ちます。自分で注文する通販型の印刷会社の場合は、カラーか黒かの二択の場合が多いのですが、営業マンを通して印刷会社へ依頼する場合、特色を使った多色刷りという選択もあります。

不特定多数に配布する

　新聞への折込や、ポスティングなどがこの方法にあたります。新聞以外の折込方法として、タウン誌などへの折込や、カタログや通販での同梱（カタログ発行元とは異なる企業のチラシを同梱する方法）があります。毎日配布される新聞折込の場合は、折込の曜日も反響率に影響があると言われています。こういった不特定多数に届ける場合は、広告代理店の力を借りて販促を行います。配布日時を含め、地域や属性を確認し、商材のターゲットにより近い配布方法を選ぶのが理想です。

　　新聞折込　　　　　　ポスティング　　　　　　通販同梱

特定のお客さまへ配布する

　店頭に置いて持って帰ってもらったり、展示会や販売会のイベントで配布したり、自社商品を購入した方へ同梱するようなチラシは、特定の方へ配布するためのチラシと言えるでしょう。この場合は、印刷・配布コストともには少なくなる傾向にあります。ただし、印刷部数が減ると1部あたりの印刷費は高くなります。少ないコストで作ることができるので、少しずつ作って反応を試すには最適な機会と言えます。すでにその商品やサービス、スタッフに触れている場合であれば、不特定多数に「はじめまして」と言うチラシよりはもう一歩踏み込んで、補足的な商品スペックや、製品にまつわる物語などの情報があってもいいでしょう。

> **Column**
>
> ### チラシを作れるようになればいろいろ作れる
>
> 　グラフィックデザイン入門という視点で考えると、チラシづくりは第一歩として最適なツールです。ポスターやPOPなどにも、本章で学んだ技術が応用できます。大切なのは、まず作ってみることです。ひとつ作れれば、いろいろ作れます。そうなると、あなたや、あなたのビジネスの可能性もきっと広がります。

> チラシを作ろう

考え方と完成デザインを見比べよう

　A4サイズの「高性能な土鍋のチラシ」を例に、実際のラフスケッチと、完成データを見比べてみましょう。目的やゴールから表現を考える過程が重要です。緻密な絵を描く必要はありませんが、ラフスケッチによるイメージは、社内やカメラマンとのコミュニケーションに役立ちます。

まずは「5W3H」を整理しよう

- When ▶ いつ使う？
- Where ▶ どこで配る？
- Who ▶ だれに見せる？
- What ▶ なにを載せる？
- Why ▶ チラシの目的は？
- How ▶ どんな切り口で表現する？
- How mach ▶ いくらで配布する？
- How many ▶ いくつ印刷する？

　Whyのうち、「目的」と「ゴール」を明確にします。今回は、「高性能な土鍋」を、デパートなどで対面販売するときに、その場では購入しなかった方へ渡すためのチラシを製作します。

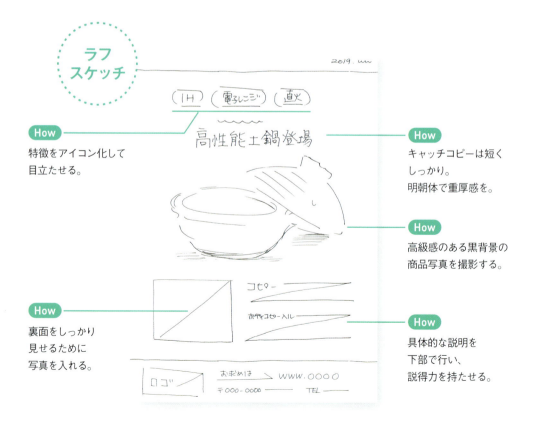

目的 商品の性能の高さを伝えることで、商品を売りたい → **ゴール** チラシを持ち帰ってもらい、後日ネットなどで買ってもらう

5W3Hが固まったら、コンセプトとHowの「切り口」と「表現」を考えます。どのような表現なら、高級で、高性能に見えるでしょうか？　今回は商品の特長をしっかりと伝えるために、高級感のある写真を使った案を製作します。

コンセプト 高級で高性能。でも、伝統的。

切り口&表現 黒い背景で撮影をし、背景に光を当てることで商品の高級感を演出する。キャッチコピーは簡潔に。多様な熱源で使えることと、その仕組みはしっかりアピールする。

表現が決まったら、スケッチに基づいて、写真や原稿を揃えます。高級感を伝えるためには艶感などが必要になるので、外部のカメラマンへ依頼して写真撮影を行います。

完成 →

2章　商品を訴求するためのデザイン　〜チラシを作ってみよう

考え方と完成デザインを見比べよう

075

03 制作

チラシの基本を作ろう

まずはチラシのサイズに従ってデザインデータを用意します。サイズを間違えてしまうとデザインや写真サイズを後から修正しなくてはならないので、最初に決めた寸法を厳守して制作していきましょう。ここではA4サイズのチラシを制作します。

STEP 1　IllustratorでA4サイズのアートボードを作る

1 Illustratorを起動します。[新規作成...]をクリックして、「新規ドキュメント」ダイアログが開いたら（❶）、[印刷]を選択し、[A4]をクリックします（❷）。「裁ち落とし」は各「3mm」のままにしておきます（❸）。今回は片面印刷なので「アートボード」を「1」（❹）にして[作成]ボタンをクリックします（❺）。

★両面印刷の場合は「アートボード」を「2」にします。
★仕上がりの寸法でアートボードを作成する方法以外に、トンボ（トリムマーク）を作成する方法もあります。3章P113で詳しく紹介しています。

2 A4サイズのアートボードができました（❶）。「チラシデザイン」というフォルダを作り、「チラシデザイン.ai」と名前を付けて、データを保存します。

★ファイルサイズが大きくなっていく場合は「オプション」の「PDF互換ファイルを作成」のチェックを外しておきましょう（❷）。WindowsのエクスプローラーやMacのFinderなどのプレビューはできなくなりますが、ファイルサイズが軽くなります。

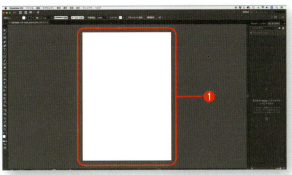
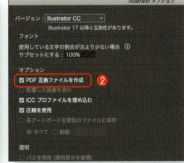

STEP 2 　既存のデータをペーストして大きさを調整する

1 別データとして、既存のロゴデータを開いて、「チラシデザイン.ai」に配置してみましょう。[ファイル]メニュー －[開く]から、「ロゴ.ai」というデータを選んで[開く]ボタンをクリックします（❶）。別の「ロゴ.ai」データが開けました（❷）。

2 「ロゴ.ai」をすべて選択します。[編集]メニュー －[コピー]でコピーします。

3 「チラシデザイン.ai」のタブをクリックして、「チラシデザイン.ai」に切り替えて（①）コピーしたロゴをペーストします（②）。

4 ロゴを選択しておきます（↓①）。右クリックして、[変形]－[拡大・縮小...]を選択すると（②）、ダイアログが出るので、数値を入力してサイズを調整して（③）、[OK]ボタンをクリックします（④）。

① 「選択ツール」を選んでいる状態でクリックすると選択状態になる

STEP 3　文字を入力する

1 「文字ツール」を選択して（①）、任意の場所をクリックすると、文字の入力ができます（②）。

★「山路を登りながら」というサンプルテキストが出てきたら、[delete]（[BackSpace]）キーで削除してから文字を入力します。
★サンプルテキストは[環境設定]－[テキスト]－[新規テキストオブジェクトにサンプルテキストを割り付け]で非表示にできます。

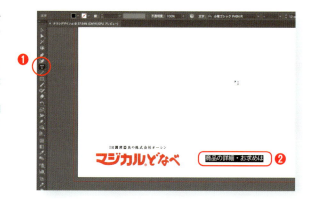

2 ［文字］パネルや［プロパティ］パネル、［コントロール］パネルなどから、フォントの種類を選びます（❶）。ここでは、「源ノ角ゴシック」を選択しています（❷）。［文字］パネルを表示するには［ウィンドウ］メニュー －［書式］－［文字］をクリックします（❸）。

★「源ノ角ゴシック」は、Adobe Fontsから無料で利用可能です。異なるフォントを使っても作業上問題ありません。

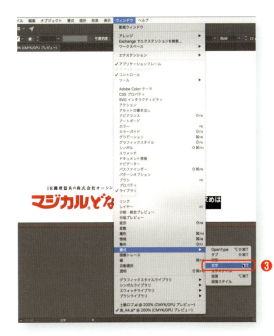

3 フォントによってはウエイト（フォントの太さの種類）を変更できます。フォントの種類の欄のとなりにある英語を選択して、太さを確認しながら選んでいきましょう。ここでは「Normal」にしています。

STEP 4 四角形を作って重なり順を変える

1 「長方形ツール」を選択し（❶）、長方形を描きたい場所でドラッグすると任意のサイズの長方形を描けます（❷）。[ツール] パネルの下部にある「塗り」の黒色（初期状態）をダブルクリックすると「カラーピッカー」ダイアログが開くので、色を入力し（❹）、[OK] ボタンをクリックします（❺）。
★ここでは、ロゴに使われているC:0％、M:100％、Y:100％、K:0％の赤色にすることで、統一感を出し、なおかつ目立たせます。
★「スポイトツール」を選択し、ロゴの赤色をクリックしても同じ色に変更できます。

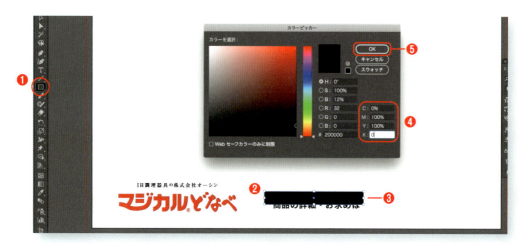

2 文字の下へこの四角を置きたいので、重ね順を変更します。右クリックして表示されるメニューから [重ね順] － [最背面へ] を選択します（❶）。文字の下に四角が移動しました（❷）。赤背景に黒文字はやや品がない印象なので、白文字に変更しておきます（❸）。

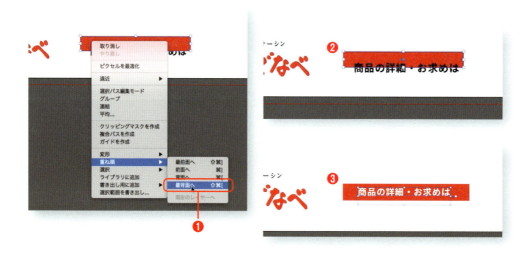

STEP 5　オブジェクト（四角形）の形を変える

長方形の一部の形を変えて、矢印のような形にします。「ダイレクト選択ツール」を選択します（❶）。右上の角の小さい四角（アンカーポイント）を矢印アイコンの先端でクリックして（❷）、左側へドラッグします（❸）。キーボードの方向キーでも変更できます。

★矢印型にすることで、その右側にあるURLに目線を誘導させます。

STEP 6　上と下に四角形の"帯"を敷いてレギュレーションを作る

1　STEP4と同様に「長方形ツール」で上と下に帯を作ります。帯はそれぞれ、外の赤い「裁ち落とし」ラインまで伸ばします（❶）。上の帯に、「2019 冬カタログ」のテキストを入力します（❷）。

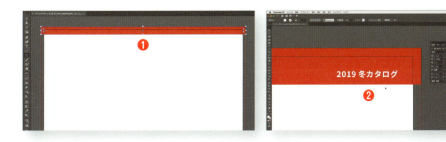

2 上の帯は赤、下の帯は白にします（❶）。白い帯は「重ね順」で「背面」へ移動しておきます（❷）。

★こういった帯を作り、そこへ共通の番号など（ここではチラシの発行時期を記載）を入れておくことで、シリーズとしての統一感を出したり、画面が引き締まって見える効果が期待できます。こういった複数の制作物や媒体で統一感を持たせるための共通のあしらいのことを「レギュレーション」と言います。

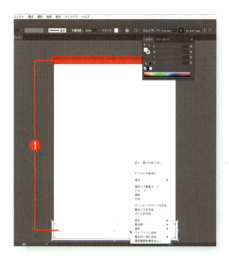

3 同じ方法で、写真が配置されるエリアに灰色の四角形を敷いておき、サイズをメモしておきます。

★Photoshopで写真を用意する場合の、基準サイズとなります。

4 レイヤーを「写真」と「文字」「レギュレーション」へ分けておきます。

STEP 7　ガイドを引く

1　まず、定規を出します。[表示] メニュー －[定規を表示] で、上と左に定規が出ます。

2　定規を見ながら、ガイドを引きたい位置を決めます。左の定規の上へマウスカーソルをあてて、右側へクリック＆ドラッグすると、青いガイドが出てきます（❶）。ガイドを引きたい位置でマウスボタンを離します（❷）。

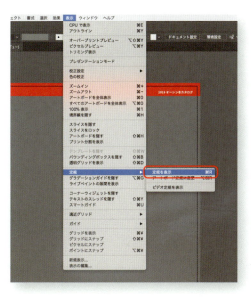

3　ガイドが引けたら [表示] メニュー －[ガイド] －[ガイドのロック] でガイドを固定します。

★ガイドを引くことで、デザインの位置などを決めるのがラクになります。今回はこの左右のガイドの外へは、文字などを配置しないようにします。
★ガイドは印刷では表示されません。

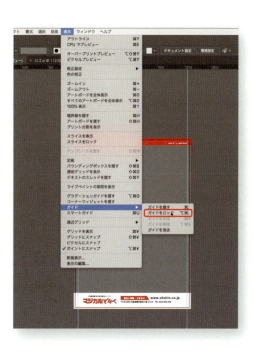

04 制作

文字と素材をレイアウトする

　基本の部分ができたら、文字情報や写真を配置していきます。情報量が多いチラシやカタログなどを作る場合、緻密なレイアウトが要求されるので、作業時間も多くなる傾向にあります。早めにすべての要素をIllustrator上に配置しておきましょう。

STEP 1　文字の大きさと揃え位置を調整する

1　「文字ツール」を選択し、入力したい場所をクリックして鍋の機能を示すテキストを入力します。入力した文字をダブルクリックすると、「文字ツール」に切り替わるので（❶）、変更したい部分のテキストをドラッグしてから［文字］パネルでフォントの大きさを一部修正します（❷）。
★文章で長く説明するよりも、商品の特徴は簡潔に表示したほうが直感的に理解させられます。また、共通する「対応」の単語を小さくすることで、その他の言葉（IH、電子レンジ、直火）が大きく見え、メリハリが出ます。

2️⃣　文字の大きさが変わったことで、文字の揃え位置に違和感が出てくることがあります。[文字]パネルの右上をクリックして(❶)、[文字揃え]から揃え位置に関する項目を変更します。文字に対して中央揃え(❷)から、文字の下部(ベースライン)に揃える位置を変えています。(❸)。

> **Column**
>
> ## 文字をキャッチーに加工するには
>
> ただ大きくしただけでは目立たないなと感じたら、文字を加工してみましょう。まず、文字のアウトライン化をします（文字のアウトライン化はP100を参照）。
>
> 文字をアウトライン化したら、文字を右クリックしてグループを解除し、1文字ごとに修正できるようにします。画数の多い漢字は漢字1文字にもグループがかかることがあるので、複数回グループを解除する場合もあります。

▲細い長方形（赤）で、文字を区切った例。「パスファインダー」の「前面で型抜き」を適用している。

STEP 2　キャッチコピーを入力して色・サイズを変える

1　P83STEP7と同様に中央にもガイドを引きます（❶）。大小2種のキャッチコピーを入力して、2行のテキストを中央に揃えます（❷）。このとき、テキストのバウンディングボックスの中央と、❶で引いたガイドが揃うように配置するとよいでしょう。
★和風の商材であることや、コンセプトにもある「重厚感」を出したいのでキャッチコピーは明朝体にします。

2　［コントロール］パネルを使って文字を白に変更しました（❶）。バウンディングボックスの角をクリックして Shift キーを押しながらドラッグすると、任意の大きさへ拡大・縮小できます（❷）。
★文字の形によっては、数値上は中央に揃っていても、左右どちらかに偏って見える場合もあります。バウンディングボックスの中央とガイドの中央を揃えたら、文字の選択を解除してバウンディングボックスを非表示にし、文字そのものが中央に揃って見えるかを目視で確認、調整します。

STEP 3 商品情報のエリアを作成する

1 「長方形ツール」で写真を配置するための四角形を作ります。「文字ツール」を選択して（❶）、入力したい範囲をドラッグすると（❷）、ドラッグした領域にダミーの文字が流し込まれます。
★こういったボックスを作った上での文字を「エリア内文字」と言います。

2 文字を打ち替えて書体を設定します。[文字] パネル上で、文字の間隔や行間を設定します（❶）。今回はフォントサイズ「9pt」、トラッキング「50」、行間「15.75」にします（❷）。ここまでの状態で「保存」します。

STEP 4　Photoshopで写真を用意する

1 Photoshopを起動します。［新規作成...］をクリックして、「新規ドキュメント」ダイアログを開いたら（❶）、［印刷］を選択し、実際に使用する背景のサイズを入力します（❷）。［作成］ボタンをクリックします（❸）
★商品画像をチラシの全面に配置します。STEP6の❸で入力したサイズが基準となります。幅はA4の横に左右の裁ち落とし（塗り足し）の合計6mmを加えた値です。
★商品画像の位置をIllustrator上で微調整したいときは、使用サイズよりやや大きくしておくといいでしょう。

2 ［ファイル］メニュー －［埋め込みを配置...］を選択して（❶）、あらかじめ撮影した画像を配置します（❷）。

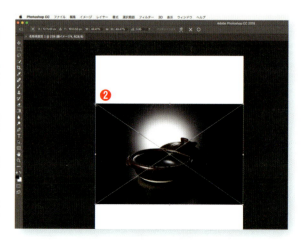

3 バウンディングボックスの角にカーソルをあて、ドラッグしてサイズを調整します。調整が終わったら、オプションバーの◯か、[return]キーでサイズを決定します。

★Illustrator CC 2018 以前の場合は[Shift]キーを押しながらドラッグします。

★この方式で配置された画像は「スマートオブジェクト」レイヤーとして配置されます。スマートオブジェクトは一度小さくした画像を再度 元のサイズに拡大しても画像が劣化することのない反面、そのままでは、ゴミを消すなどの画像を修正できない点に注意が必要です。

対象となる画像のレイヤーをダブルクリックして、「スマートオブジェクト」の中に含まれている画像データへアクセスして、修正が完了したらそのデータを閉じると、元のデータが修正されます。

STEP 5　余白部分をなじませて黒い背景を敷く

1 画面の下部、白い部分に黒い背景を敷きますが、そのままでは境界がはっきり出てしまうので、ぼかしの入った円の形に画像をマスクします。「楕円形選択ツール」を選択し（❶）、オプションバーで「ぼかし」を「30px」に設定します（❷）。画面を大きめにドラッグして、枠外に大きくはみ出す形で選択範囲で楕円を描きます（❸）。

★きれいな選択範囲が作れなかった場合は、[選択範囲]メニュー ー[選択範囲を解除]で選択範囲が解除される。[Command]([ctrl])+[D]がショートカットキーです。

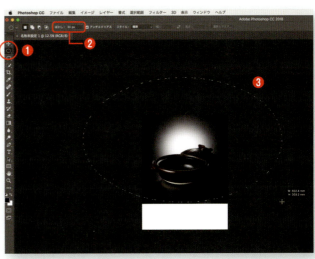

089

2 選択範囲ができたら、[レイヤー]パネルの下部にある「レイヤーマスクを作成」をクリックします(①)。選択範囲の形にレイヤーマスクができました(②)。

3 白くなっている部分に背景色を付けます。[レイヤー]メニュー －[新規塗りつぶしレイヤー]－[べた塗り...]を選択します(①)。画面が黒色に塗りつぶされますので、いったん[OK]ボタンをクリックします(②)。

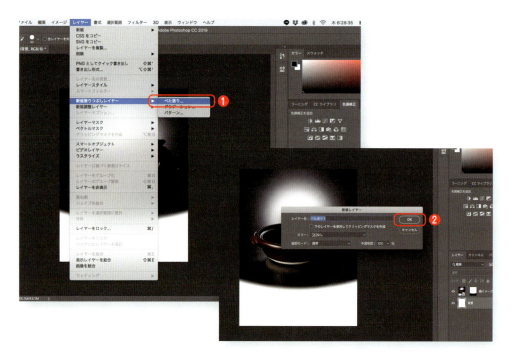

4 「塗りつぶし」したレイヤーを［レイヤー］パネル内でクリック＆ドラッグで、写真の下へ移動します（❶）。レイヤーのサムネール（塗りつぶされた色と同じ色がついている部分）をダブルクリックすると色の再設定ができます。「カラーピッカー」ダイアログを開いたら（❷）、カラーピッカーの外へマウスを移動し、写真の下のほうをクリックして色を採取して、自然な色を探します（❸）。色を再設定できたら［OK］ボタンをクリックします（❹）。背景を足して、画像が用意できました。

★ぱっと見た印象が完全な黒でも、多くの写真の場合はわずかにほかの色が含まれていることが多いので、調べた上で色を塗りましょう。

STEP 6　PSD形式で保存する

1　ここまでのデータを一度psd形式で保存しておきます。［ファイル］メニュー －［保存］でこれまでのデータを「チラシデザイン」フォルダへ「元画像.psd」と名前を付けて保存します。

2　「Photoshop形式オプション」ダイアログは、そのまま［OK］ボタンをクリックします。

★「互換性を優先」のチェックを外すと、異なるバージョン間で正確にデータが開けなくなる恐れがあります。そのかわり、データ量は軽くなります。

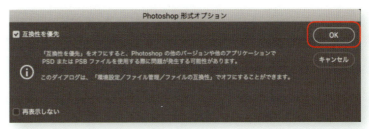

STEP 7　配置用のCMYKデータを用意する

1　CMYKに変換します。[編集] メニュー －[プロファイル変換…] でダイアログを開き (❶)、[作業用 CMYK - Japan Color 2001 Coated] にします (❷)。[OK] ボタンをクリックします (❸)。「ラスタライズ」ダイアログは、再編集の必要がなければ「ラスタライズ」を選択します (❹)。
★次の工程で、別名で別のデータとして保存するので、今回は「ラスタライズ」にします。

2　[ファイル] メニュー －[別名で保存] を選択し、.tiff 形式を選択します (❶)。「背景.tif」という名前を付けて (❷) [保存] ボタンをクリックします (❸)。「TIFF オプション」の「画像圧縮」は「なし」か「LZW」にしておきます (❹)。「LZW」にした場合は、画像が圧縮されます。レイヤーデータが含まれているとファイルのサイズが大きくなるので、レイヤー情報を破棄して画像を統合する場合は「レイヤーの圧縮」の「レイヤーを破棄してコピーを保存」にチェックを入れます。[OK] ボタンをクリックして (❺)、ファイルを閉じます。
★.tiff (.tif) 形式で保存することにより、データ容量の軽量化が見込めます。小さいデータであれば .psd を直接使用しても問題ありませんが、CMYK化は必ず行いましょう。
★RGBからCMYKへの変換は色情報をいくらか削除してしまうため、再度補正などの要望があった場合、色数の少ないCMYKでは補正が困難になるケースがあります (4章P149を参照)。そのため、今回はSTEP 6でRGBの.psdデータを保存した上で、別途STEP 7で.tiffデータを用意しています。

STEP 8 Illustratorで写真を配置して、「クリッピングマスク」をする

1 Illustratorの「チラシデザイン.ai」に戻ります。[ファイル] メニュー ー [配置...]（❶）ー [背景.tif]（❷）を選択して、[配置] ボタンをクリックし（❸）、アートボードの左上をクリックして配置を行います（❹）。

2 写真「背景.tif」の重ね順を灰色のベースの「最背面へ」（❶）移動します（❷）。

3 ドラッグ操作により、灰色のベースと「背景.tif」を同時に選択します。

4 [オブジェクト]メニュー －[クリッピングマスク]－[作成]を選択するか、[プロパティ]パネル －「クリッピングマスクを作成」でクリッピングマスクを作成します。

★手前のオブジェクトで背面のオブジェクトを型抜き（マスキング）するのが「クリッピングマスク」です（P064参照）。

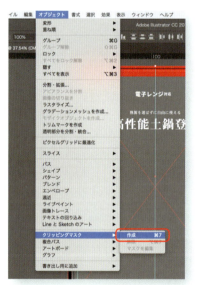

5 「ダイレクト選択ツール」を選択して（❶）、中の写真をクリックすると、中の写真の位置を移動できます（❷）。外側の枠（灰色のオブジェクト）の領域を変えることなく、微調整が可能です。

★「ダイレクト選択ツール」を選ばずに、直接、中の写真をダブルクリックしても編集ができます。この場合、表示が「クリックグループ」に切り替わり、中の写真だけの拡大・縮小や移動ができるようになります。「クリックグループ」は余白のなにもないところをもう一度ダブルクリックすると解除できます。

6　明朝体のコピー部分を黒にします。

STEP 9　Photoshopで2枚目の写真を開く

1　商品の特徴である鍋底の加工部分の写真を開きます（❶）。サイズを確認・調整するため、［イメージ］メニュー －［画像解像度］を開きます（❷）。

2　解像度はそのままで、サイズを実際に使うサイズより少し大きめに調整し（❶）、［OK］ボタンをクリックします（❷）。

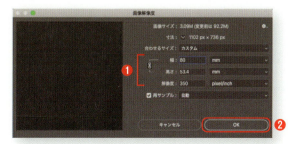

3 この写真で見せたいのは、底面に施されたカーボン加工（テクスチャ）です。このテクスチャを強調するために、シャープをかけます。[フィルター] メニュー ー [シャープ] ー [シャープ] を選択して（❶）、シャープをかけます（❷）。

4 STEP 7の❶を参考にしてCMYKにして.psd形式で保存します。
★画像サイズが小さいので、このまま.psdファイルをIllustratorで「配置」して使用します。

STEP 10　Illustratorで商品写真を配置する

画像を配置したら、右クリックして表示されるメニューから [重ね順] で配置の順番を入れ替えて（❶）、クリッピングマスクを行います（❷）。

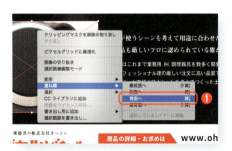

STEP 11 アイコンを作ってグループ化する

1 「角丸長方形ツール」(❶)でアイコンを作ります。文字を囲むようにドラッグします(❷)。

2 内側に表示される4つの◎(ライブコーナー)を内側へひっぱるようにドラッグすると、角丸の丸みを調整できます。

3 [線]パネルなどから角丸の「線幅」を調整します(❶)。複製後、それぞれの横幅を調整し、3つのアイコンを作ります(❷)。

4 文字と角丸長方形を一緒に選択し、[オブジェクト]メニュー －[グループ]を選択します。これにより、3つのアイコンをそれぞれグループ化します。
★グループ化することで、移動や拡大などの変形をグループ（アイコン）単位で行えるようになります。

5 グループ化できたら、コントロールパネルで3つのグループを選択して、「垂直方向中央に整列」ボタンをクリックすると、3つのグループの水平がきれいに揃います。「水平方向中央に分布」ボタンをクリックすると、間隔もきれいに揃います（❶）。[表示]メニュー －[ガイド]－[ガイドを隠す]を選択し（❷）、ガイドを非表示にして全体を確認します。

★Illustrator CC 2019では、[表示]メニュー －[トリミング表示]で裁ち落としの分を隠した状態で確認ができます。

098

05 制作

データ入稿の準備をしよう

　レイアウトができたら、必要に応じて上司などの承認を経て、印刷のための入稿準備に取りかかりましょう。入稿の方法には「Illustratorファイル（.ai）での入稿」と「PDF入稿（3章P143を参照）」があります。.aiデータのことをネイティブデータと言います。ここでは、「ネイティブデータ（.ai）での入稿」について紹介します。

STEP 1　画像埋め込みとテキストのアウトライン化

1　［ファイル］メニュー ー ［保存］でデータを保存しておきます。さらに、［ファイル］メニュー ー ［別名で保存］を選択して（❶）、入稿用の.aiファイル「チラシデザイン_ol.ai」を別名で作成します（❷）。
★olはoutlineの略です。アウトライン済みのファイルだと判別しやすいように命名しています。

2 オブジェクトとレイヤーのロックはすべて解除しておきます。[レイヤー]パネルに鍵のマークが表示されているときは、クリックしてロックを解除します（❶）。オブジェクトにもロックがかかっている場合は、[オブジェクト]メニュー －[すべてをロック解除]でロックを解除します（❷）。

3 [書式]メニュー －[アウトラインを作成]を選択して（❶）、テキストをアウトライン化して（❷）ファイルを保存します。

★アウトライン化することで、印刷所側にフォントのデータがなくても、文字の形状を保った状態で印刷できます。
★一度アウトライン化した文字はもう一度打ち替えることはできません。

4 ［ウィンドウ］メニュー －［リンク］から（❶）、［リンク］パネルを表示します（❷）。Shiftキーを押しながら複数選択できます。［リンク］パネルの右側をクリックして「画像を埋め込み」を選択します（❸）。

5 ［リンク］パネルの右端の表示が変化し、画像が「埋め込まれ」ました。上記の手順ですべての「リンク」画像を「埋め込み」に変更して、［ファイル］メニュー －［保存］でデータを保存します。この.aiデータを入稿します。

「画像を埋め込み」を選択した場合は.psdや.tiffなどの画像は.aiデータに内包されているので、印刷所に渡す必要はありません。

★「リンク」と「画像の埋め込み」のどちらがよいかは、印刷所やデータの内容によって異なります。

STEP UP
チラシをもっと目立たせるには

すでにデザインが完成した状態ですが、さらに目立たせるにはどうしたらいいでしょうか。まず文字の種類と色に注目してみましょう。フォントの種類によって、言葉の印象は大きく変わります。さらに、文字にフチが付いた「袋文字」にすれば、コントラストが付くことでメリハリが生まれます。

▶ 明朝体とゴシック体

書体選びもデザイナーの重要な仕事です。明朝体とゴシック体で"表情"は大きく異なりますし、同じ明朝体であっても書体の種類や太さで印象も変わります。まずは自分のPCに入っているフォントをIllustratorなどで入力して印刷し、自分だけの一覧表を作っておき、目的に合わせて使えるフォントを選ぶといいでしょう。

小塚ゴシック Pro L	小塚明朝 Pro L
美しい文字と Happy なデザイン	美しい文字と Happy なデザイン
ヒラギノ角ゴ Pro W6	ヒラギノ明朝 Pro W6
美しい文字と Happy なデザイン	美しい文字と Happy なデザイン
太ゴ B101 Pr6N Bold	見出しミン MA31 Pr6N
美しい文字と Happy なデザイン	美しい文字と Happy なデザイン

▶ 色数ではなく対比で目立たせる

デザインの未経験者に多いのが、多くの色を使ってしまって、ゴチャゴチャさせてしまうというパターンです。色数が多ければ目立つというのは間違いです。色の目立つ・目立たないは、色の数ではなく、色同士の関係性による部分が大きいのです。たとえば、明るさ・暗さといったコントラストの対比によって簡単に目立たせることができます。写真の上に文字を配置するときに、写真の色味によっては文字が読みにくく（目立たなく）なってしまうこともあります。そういった場合は、文字の外側に線の付いた「袋文字」を試してみましょう。これは特に販促系の印刷物でよく見る表現です。

STEP UP テクニック 「袋文字」の見出しを作る　Ai

　Illustratorの［アピアランス］パネルを使って、キャッチコピーにフチを付けて目立たせましょう。フチを付けることで写真の黒い部分にも文字をのせることが可能になります。

1　文字を入力した後に塗りと線を「なし」にし、［アピアランス］パネルを開いておきます。
★「アピアランス」については3章でも紹介しています。

2　描いた文字を選択します。［アピアランス］パネルの「新規塗りを追加」で文字色を付けます。
★色は Shift ＋クリックすると［カラー］パネルでの変更が可能です。

3　色が「なし」になっている「線」をクリックすると、線の色を追加できます。線の太さを調整したり、クリック＆ドラッグ操作で追加した効果の順序を入れ替えると、文字の見た目も変化します。

いろいろな「袋文字」

基本形
源ノ角ゴシック JP Heavy

Column

入稿時の注意点

　データが完成し、情報にも問題がなければいよいよ印刷所へ入稿です。ここでは、ネイティブデータの.aiで入稿する場合に見落とされがちなポイントを示します。データを揃える前に入稿先の会社のウェブサイトや担当者に確認しながら、入稿前にデータに不備がないか最終確認をしましょう。
　もちろん、誤字脱字や、掲載内容の最終チェックも忘れずに！

サービスを販促するための
デザイン

～DMを作ってみよう
(ダイレクトメール)

手軽にはじめられる販促ツールのひとつが「ダイレクトメール（DM）」です。市販の官製はがきに手書きのメッセージを書いて送るだけでも立派なDMですが、写真や地図など手書きの文字では伝えきれないビジュアルができると、表現の幅がより広がり、ビジネス面においても訴求力が高まります。

01 プランニング

DMってなんだろう

　習い事やマッサージ、美容室といったサービスやイベントに人を集めるためには「ぜひあなたに来てほしい」と言うのが一番です。お客さまへ直接伝えるのが最も効果的ですが、それがかなわない場合は、その気持ちをDM（ダイレクトメール）にのせてみましょう。はじめに、人を動かすDMを作るためには、どのようなことに気を付ければよいのかを考えていきます。

DMに欠かせない4つの要素

　DMは同じ販促ツールのチラシと同じ部分も多い反面、異なる部分もあります。具体的に必要な要素は、以下の4つです。チラシと異なるのは①顧客名簿 と④開封 です。ハガキ型のDMの場合は「開封」は不要です。全顧客にDMを出すよりも、名簿の中から「休眠」や「ロイヤルカスタマー」「新規購入者」などの属性を絞り、ターゲットに読んでもらうためにはどのようなDMにしたらよいかを考えましょう。

▼DMの種類

① 顧客名簿　　② 特典　　③ デザイン　　④ 開封

　　① **顧客名簿**　　顧客名簿から送付先のターゲットを選ぶ
　　② **特典**　　　　値引きや限定商品の案内などを盛り込む
　　③ **デザイン**　　取っておきたくなるデザインを作る
　　④ **開封**　　　　封書や圧着などを開けさせる工夫をする

DMを送る「口実」を見逃さない

　DMはその名の通り、手紙です。手紙をもらう側の立場に立ってみると、突然連絡が来たら、「なぜ自分に手紙（DM）が来たんだろう」と不審に思うかもしれません。こういった不信感に対して、納得できる理由を提示する必要があります。「口実」というと聞こえは悪いですが、ビジネスをしていく中で、ここはDMの送りどき、という場面があります。そういった機会で送るDMには、明確に送る理由があるので、お客さまから受け入れてもらいやすいのです。DMを送る口実を見逃さず、日頃お世話になっているお客さま、あるいはご無沙汰しているお客さまに手紙を書くつもりでDMを作りましょう。

● 「口実」の例

店側の行事／イベント	季節の行事	顧客の条件
新商品の発売	祝祭日	誕生日や記念日
新店舗のオープン	ボーナス時期	入学式や成人式
ファミリーセール	クリスマスやバレンタインデー、ハロウィン	購入直後、休眠顧客

DMはお客さまと長いおつきあいのできるツール

　DMは新規顧客の獲得よりは、既存のお客さまとのコミュニケーション面に効果的なツールです。たとえばすでに購入したお客さまに対して、アップセル（上位モデルの購入）、クロスセル（他の商品を併せて購入）などに効果を発揮します。既存のお客さまの中でも特定の方だけに送付できるツールなので、長期的なコミュニケーションを通して、長くファンでいてもらうことも可能です。ただしこういった購入だけが、DMのすべてではありません。

　たとえば、購入後のアフターフォローとして、車の点検や歯科医院の定期検診など、次回の来店を思い出させるリマインダーの役目を担うタイプのDMなど、キャンペーンの告知や特典のないDMも存在することは皆さんもご存知のとおりです。こういったDMの場合は、過度な装飾は必要ありませんが、見せたい情報を的確にわかりやすく示す必要があります。どういったDMであっても、その本質はお客さまとのコミュニケーションです。そういった意味では、売らないDMも、通常のDMデザインと変わりません。

02 プランニング

DMの種類を選ぼう

DMには多くの形状があります。印刷面積が大きくなればそのぶん、印刷コストが増すので、部数が少ない場合は一部を手作りするなどの工夫するのもいいでしょう。封書形式の場合は、中にさまざまな工夫を盛り込むことができます。一方で、郵送にコストがかかることを考え、あらかじめ何部送付し、郵送コストがいくらかかるかを確認しておくとともに、事前に郵送できる形状かを確認しておき、決められたサイズや重さの中でデザインを進めます。

DMの外見を選ぶ

本書で紹介しているDMは、シンプルなハガキ型です。ほかにもさまざまな形がありますが、代表的なものとしては、封書型と圧着型です。封書型の場合は封筒の中にチラシやクーポン券、冊子などさまざまな印刷物を封入することができます。圧着型は、封書型よりは情報量は少ないものの、ハガキ型よりも情報は多く、封書型よりも郵送コストを下げられます。

コスト以外の面での特徴は、封書型と圧着型は、開く必要があります。プライバシーを気にするお客さま（たとえば商品を購入したことを家族に知られたくない場合など）にとっては、単なるハガキよりもシンプルな外見のほうが好感を持たれる場合もあります。

封書型の場合は、ぜひ「お手紙」を入れましょう。短文で問題ありませんので、手書きや、手書きをコピーした季節のご挨拶などが入っているといいでしょう。こうした工夫は郵送でのコミュニケーションに長けた通信販売の企業などでよく見られる施策です。開けさせる工夫という点では、小さいサンプルなど、外から触れてわかるものを同封したり、特別感のある表現などが効果的です。

▼いろいろなDMの形状と要素

ハガキ型

圧着型　　　　　封書型

DMはリスト（顧客名簿）が鍵

DMの場合、ターゲットはリストによって具体的に決まります。送付形式で過去に利用・購入した方の名簿をリストとして活用したり、懸賞やアンケートでリストを収集します。いずれの方法でも、リストを取得するときに、個人情報をDMなどの送付に使用してよいかをお客さまに確認しておきましょう。

近年では、エリア指定をして特定の地域に対してダイレクトメールを送付するチラシ的なDMも増えてきました。リストがない場合や、新規顧客を開拓したい場合はこうしたサービスを検討してみるのもおすすめです。

● DMの種類

送付型	普通郵便、広告郵便物、宅配業者のメールサービス
エリア指定型	ポスティング、配達地域指定郵便

大部数の場合は、印刷会社を経由してDMの送付を依頼することも可能です。送付の件数が多い場合は、外部の業者に印刷から送付までを一括で依頼するのもミスを防ぐ良い方法です。「手作り感」と「効率化」を上手に両立させましょう。

Column

値下げの特典は効果的？

値下げとはドーピングのようなもので、使いどころを誤ると危険です。長い間離れてしまった「休眠顧客」の方に対しての訴求であれば少々のドーピングは効果的ですが、いつも買ってくださる「優良顧客」に対してドーピングすると、定価で買う頻度が減ってしまい客単価の定価につながります。

たとえば、定価でお買い物をした人が数日後「50%OFF」告知のDMを受け取ったらどうでしょう。「定価で買って損をした、失敗した」と思わないでしょうか。差額の返金を望まれてクレームになる場合もありますし、失望感を与えた店でのサービスをまた受けようとは思わないでしょう。これでは逆効果です。こういったことを避けるためには以下の施策を併用するといいでしょう。

❶リストを休眠顧客と優良顧客に区分し、優良顧客に対しては過度の値引きを訴求しない。
❷クレームが発生することを考慮し、「ご購入後の対応はいたしかねます、行き違いの場合はご容赦願います」等の注意書きを盛り込みクレームを予防する。
❸不公平感を訴える問い合わせに対しての救済措置を考えておく
　（次回使える割引クーポンを特別にお渡しする、など）。

DMを作ろう

考え方と完成デザインを見比べよう

ハガキサイズの「ネイルサロンのDM」を例に、実際のラフスケッチと、完成データを見比べてみましょう。チラシに比べてサイズが小さく要素が多いため、実際に配置してみないとわからない部分もありますが、写真や情報量の目安になるでしょう。

まずは「5W3H」を整理しよう

- **When** ▶ いつ使う?
- **Where** ▶ どこで配る?
- **Who** ▶ だれに送る?
- **What** ▶ なにを載せる?
- **Why** ▶ DMの目的は?
- **How** ▶ どんな切り口で表現する?
- **How mach** ▶ いくらで配布する?
- **How many** ▶ いくつ印刷する?

チラシと異なる点は、誰に送るかのリストを精査する必要があることです。部数に応じた郵送費がかかりますので、その点も含めた予算を確保しておきましょう。

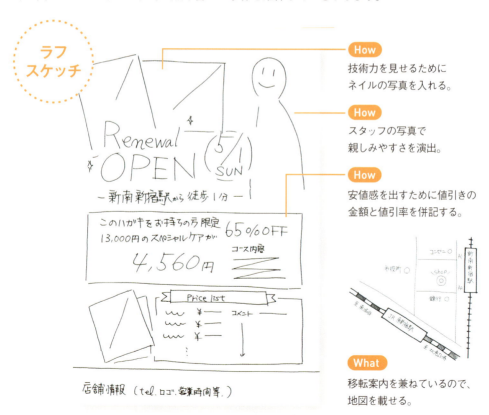

ラフスケッチ

How — 技術力を見せるためにネイルの写真を入れる。

How — スタッフの写真で親しみやすさを演出。

How — 安値感を出すために値引きの金額と値引率を併記する。

What — 移転案内を兼ねているので、地図を載せる。

来店頻度が落ちたお客さまに、移転によるリニューアルオープンを伝える コースの予約と再来店

5W3Hが固まったら、コンセプトとHowの**「切り口」**と**「表現」**を考えます。また、今回は値引きのオファー（特典）も忘れず訴求します。

コンセプト 豊富メニューと確かな技術のサロンがリニューアル

切り口&表現 お客さまにとって見覚えのあるスタッフの顔を入れることで親近感をアップさせ、金額の割引率を示すことでお得感を出して再来店を促す。

表現が決まったら、スケッチに基づいて、写真や原稿を揃えます。すでにあるネイルのイメージ写真に加えて、スタッフの写真を撮影したので、その補正を行います。

完成

postcard

03 制作

DMの「基本」を作ろう

デザインの方向性が固まって、掲載内容も決まったらいよいよ制作です。予算と面積が限られがちなDMでは、与えられた素材をいかにしっかり見せるかが問われます。2章で紹介したテクニックや、応用テクニックを用いながら、デザインツールの使い方を見ていきます。

STEP 1　IllustratorでDMサイズのアートボードを作る

1 Illustratorを起動し、[ファイル]メニュー ー [新規]を選ぶと[新規ドキュメント]のダイアログボックスが開くので（❶）、[印刷]を設定します（❷）。サイズは実際に使用するサイズに基づいて（❸）、[作成]ボタンをクリックします（❹）。

★一般的な官製はがきであれば100mm×148mm、ポストカードであれば100mm×150mmです。

Column

宛名面データはテンプレートを活用しよう

通販型の印刷会社を利用する場合は、その会社が配布しているテンプレートを使うのもいいでしょう。印刷の場合はサイズが1mmでも変わってしまうと受け付けてもらえないこともあるので、自分で作るのが不安な場合はテンプレートを積極的に活用しましょう。

2 一度保存します。**1**の画面で「アートボード」を「2」枚にしておくことで、表裏両方のデータをひとつのファイルで管理できます。

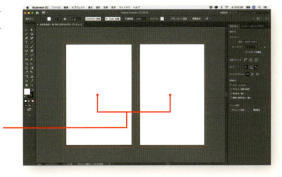

表裏のデータが作成できる

Column

トンボ（トリムマーク）の作り方と注意点

　印刷会社によっては、大きめのアートボードにトンボ（トリムマーク）を作る方法でデータを入稿するケースもあります。
　「長方形ツール」で印刷物の仕上がりサイズの四角形を作り、選択します（**❶**）。[オブジェクト] - [トリムマークを作成]をクリックすると（**❷**）、トリムマーク（トンボ）が作成されます。

　長方形を「ダイレクト選択ツール」で選んで、[表示]メニュー - [ガイド] - [ガイドを作成]をクリックすれば（**❸**）、オブジェクトだけがガイド化され、印刷されないガイドラインとして使用できます（**❹**）。
　この方法は作業の途中でトンボを触ってしまうことで、位置が変わってしまうなどのリスクがあります。作ったトンボ意図せず移動してしまったり、削除することがないように、レイヤーを分けるなどの工夫をしましょう。

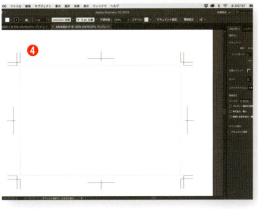

04 制作

写真素材を補正する

写真の印象はDM全体の印象を左右すると言ってもいい重要な要素です。「撮影」と写真データを「補正」する能力が必要になります。

人物画像の補正

ここでは、人物写真を補正（レタッチ）し、切り抜く方法について紹介します。

STEP 1　人物画像を補正する

1　Photoshopを起動し、[ファイル]メニュー －［開く］から補正したい画像を開きます。背景レイヤーを[新規レイヤーを作成]ボタンにドラッグ＆ドロップし（❶）、レイヤーをコピーしておきます（❷）。
★コピーしたほうのレイヤーで作業することで、修正しすぎた場合コピーを削除して、元の画像に戻すことができます。
★コピーせずに「背景」レイヤーで作業したい場合は、[レイヤー]パネルの鍵のマークをクリックすると、編集できます。

2 肌色を明るくします。写真全体を明るくしたいときには、[色調補正]パネルから「明るさ・コントラスト」を選んで(❶)、「明るさ」のスライダーを右側へドラッグします(❷)。

★明るすぎるとハイライト(ほほや鼻筋の明るい部分)の色が失われてしまうので、ほんの少しだけにとどめます。

3 肌を修正します。「スポット修復ブラシツール」を選択します(❶)。修正したいレイヤーを選択します(❷)。

4 オプションバーからブラシの大きさを選択します（**①**）。修正したい部分に対して少し大きくブラシでなぞると、肌のシミなど色の異なる部分を修正できます（**②**、**③**、**④**）。

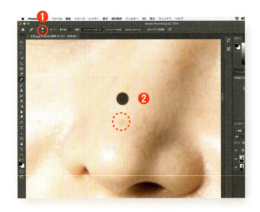

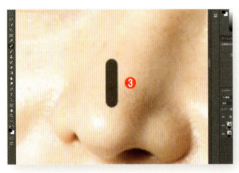

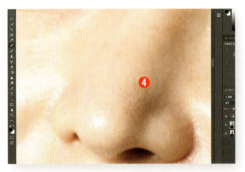

Column

人物写真のどこを修正するか？

　人物の場合、ニキビやニキビ跡、虫刺され跡、シミやシワを修正します。洋服のほつれなどにも気を配るといいでしょう。一方、ホクロなどのその人の身体的な特徴はきちんと残しましょう。被写体をどう見せたいかにもよりますが、補正をしすぎて、不自然にならないように注意しましょう。
　また、人物写真の左右を反転したり、画像の比率の修正をしてはいけません。

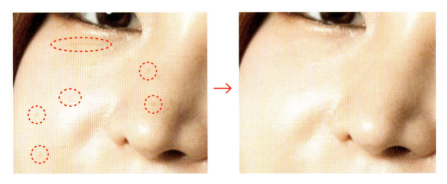

5️⃣　歯を白くしていきます。「なげなわツール」(❶) を選択し、オプションバーのぼかしを「10px」にします (❷)。歯全体を囲み、選択範囲を作ります (❸)。[色調補正] パネルから、「色相・彩度」を選びます (❹)。色相を「-16」(黄色部分を青くする)、彩度「-12」(鮮やかさを落とす)、明度「16」(明るさを上げる) を設定します (❺)。やや黄色の歯を白く明るくしました。

★選択範囲を作るのに失敗したときは、[選択範囲] メニュー →[選択範囲を解除] で選択範囲を解除します。
★[色調補正] パネルは、レイヤーの色調補正パネルをダブルクリックすると、数値のパネルが開いて再編集できるので、納得のゆくまで数回修正をするといいでしょう。

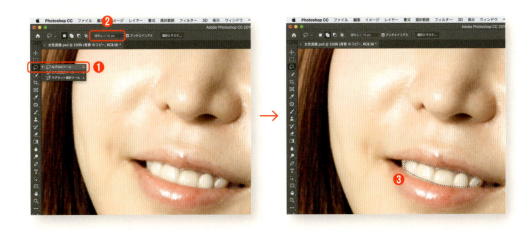

6 「パッチツール」を使って、服のシワを修正します。「パッチツール」を選択して（**❶**）、直したい部分の選択範囲を作ります（**❷**）。上下左右（ここでは左）にドラッグし、選択範囲内にテクスチャーを移植します。左にドラッグすると、左のテクスチャーを選択範囲の中に移植することができます（**❸**）。「選択範囲」を解除します。

★「パッチツール」は肌の補正にも使えます。

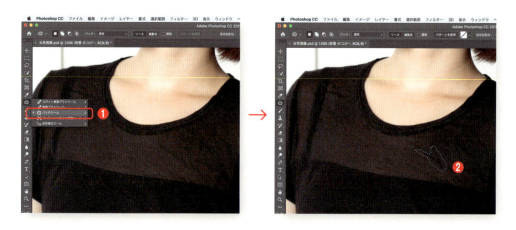

人物を切り抜く

　Photoshopで人物を切り抜きます。この写真のように背景との差がはっきりしている場合は「被写体を選択」を使うと、効率よく選択範囲を作成できます。作業前に、元の背景レイヤーは非表示にしておきます。

STEP 1　不要な背景をマスクする

1　[レイヤー] パネルでレタッチしたいレイヤーをクリックし、「クイック選択ツール」を選びます（❶）。オプションバーから「被写体を選択」ボタンを選べるようになるので、「被写体を選択」をクリックします（❷）。

2　選択範囲が作成できたら（❶）、「レイヤーマスクを追加」をクリックします（❷）。

3 切り抜きが足りなかった部分は、レイヤーの右側の「レイヤーマスクサムネール」をクリックし(❶)、「消しゴムツール」「ブラシツール」(❷)でマスクの面積を足し引きしながら切り抜きの範囲を調整します(❸)。
★白と黒が逆だと消しゴムでマスク領域を減らすことができます(❹)。

STEP 2　「トリミング」とカラーモードの変更

1　Photoshopで余分な透明部分をトリミングしていきます。「切り抜きツール」をクリックして(❶)、左上のハンドルをクリック&ドラッグして(❷)、return (Enter)キーを押します。

2️⃣ 不要な背景のトリミングができました（❸）。

3️⃣ ［ファイル］メニュー －［画像解像度］を選び、高さを「100mm」、解像度を「350pixel/inch」程度にします（❶）。［OK］ボタンをクリックします（❷）。

4　［ファイル］メニュー －［編集］－［プロファイル変換...］を選び（❶）、「変換後のカラースペース」を RGBから「作業用CMYK - Japan Color 2001 Coated」に変換して［OK］ボタンをクリックします（❷）。［ファイル］メニュー －［保存］ボタンをクリックし、psdファイルとして名前を付けて保存して閉じます。

> Column

角版？ 切り抜き？

　同じ商品の写真でも、空間をしっかり見せたいときや、商品を使っている場面、雰囲気を見せたいときには「角版（かくはん）」がいいでしょう。商品そのものや機能をしっかり大きく見せたいとき、あるいは背景を見せたくないとき、別の背景を使いたいときは「切り抜き」がおすすめです。

▼角版写真　　　　　　　　　　　▼切り抜き写真

122

地図を描こう

「リニューアルオープン」の告知なので、地図は今回のDMにおいて重要な要素です。手描きの地図をトレースして地図を作成します。トレースとは、下書きなどの画像（下絵）を下敷きにして、同じ線をなぞることを基本とし、グラフィックの完成度を高める作業です。

下絵を描く

下絵となる地図を用意します。地図の目的は、お客さまを迷わせず案内することです。はじめて足を運ぶ方の気持ちになって現地を調べながら手描きで下絵を描きます。ところで、インターネットの地図をそのまま載せるのはダメなのでしょうか？　結論から言うと、ダメです。ネットの地図が不適切な理由＝手描きで下絵を描いたほうがいい理由、を考えてみます。

❶ ウェブ上にある地図（GoogleMapsなど）には著作権があり、トレース元にするのは著作権法違反になります。地形自体には著作権はありませんが、国土地理院の実測地図を承認申請して、その地図を元に地図を作成するとよいでしょう。

❷ ウェブ上にある地図の情報は古い可能性があります。目印にしたい近隣のお店が実際にはなくなっていたり、その逆もあります。

❸ 目印にしているものがウェブ上にある地図に表示されているとは限りません。通常の地図に載っていない、目印になるものはたくさんあります。

❹ ウェブ上にある地図には余計な情報も多く、入れすぎは混乱のもとです。余分だと感じた情報は省略するほうがよいでしょう。

これらの前提を踏まえて、紙と鉛筆で地図の下絵を描きます。

次のポイントに気を付けると、ぐっと良い地図になります。

●よい地図を描くためのポイント

❶ ゴールとなるお店を極力中心に
❷ 海や川がある場合は入れる
❸ 主要な駅・路線。その出口の関係
❹ バス停がある場合はバス停を入れる
❺ 主要な交差点の名称
❻ 曲がるべき角の特徴（角の店など）を正確に
❼ 道の太さ・細さを明確に
❽ 車での来店が前提になる場合、一方通行の表記や駐車場の説明
❾ 近隣の店舗名を入れる
❿ お店の階数
⓫ 間違えやすい箇所を意識する

▼下絵見本

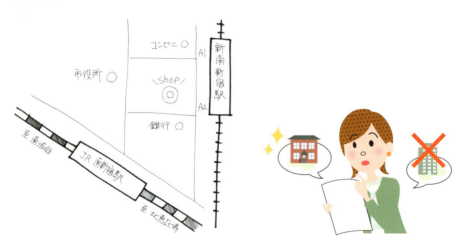

　店舗や営業所のある事業を営んでいる場合は「近くまで来てるんだけれど、迷っちゃって」と、お問い合わせのお電話を受けたことのある人や、道案内の電話マニュアルがあるお店もあるかと思います。そういったお電話をされる人がどういったところで迷われているのかを考えてみると、お客さまが間違いやすい箇所もおのずと見えてきます。地図として盛り込むのが難しければ、テキストで説明してもいいでしょう。

　足で地図を作るのは一見手間がかかるように見えて、お客さまが抱える潜在的なストレスを減らして来店率に寄与するだけでなく、お問い合わせの数やそれに対応する時間を減らすことにもつながるのです。下絵が描けたら、スキャナーやスマートフォンでコンピュータに取り込みましょう。

STEP 1　下絵の地図をトレースする

1　DMのデザインデータとは別にデータを作ります。Illustratorの[ファイル]メニュー －[新規]を選ぶと[新規ドキュメント]のダイアログボックスが開くので、[印刷]を選び、「A4」を選択します。
★DM以外のさまざまな印刷物に使用することを考え、サイズは大きめに制作します。

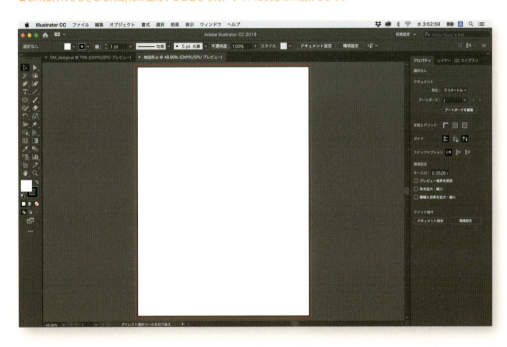

2　[ファイル]メニュー －[配置...]を選択し（❶）、あらかじめ取り込んでおいた下絵の画像ファイルを選んで[OK]ボタンをクリックして配置します（❷）。

3 下絵が配置されたレイヤーを[レイヤー]パネルで選び、文字上でダブルクリックして、レイヤー名を「下絵」とします(❶)。名前を付けたら[レイヤー]パネルの鍵のアイコンをクリックして、下絵が配置されたレイヤーをロックします(❷)。

4 [レイヤー]パネル —[新規レイヤーを作成]をクリックします。作成した[新規レイヤー]をダブルクリックして、レイヤー名を「道路」にします。

5 道路を描いていきます。「ペンツール」を選択し(❶)、[線]パネルから線の太さを選びます(❷)。[カラー]パネルから色を選びます(❸)。下絵の通りに始点と終点をクリックします。shiftキーを押すと、アートボードに水平／垂直な線がひけます(❹)。「選択ツール」に持ち替えて「ペンツール」を終了します。
★線の描画後、「選択ツール」で調整したい線をクリック＆ドラッグすると、線全体の位置を操作できます。

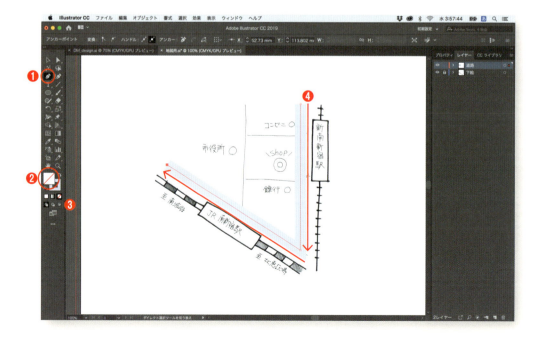

6 　線の描画後、「ダイレクト選択ツール」（❶）で調整したい線の先端をクリック＆ドラッグすると、先端を操作できるので、長さや角度の調整ができます（❷）。「選択ツール」をクリックして、直線を選び、option （Alt ）キーを押しながらクリック＆ドラッグすると、同じ長さの線をコピーできます。option キーを押しながら、さらに shift キーを押してクリック＆ドラッグすると（❸）、水平／垂直方向に位置が揃ったままスライドするようにコピーできます（❹）。

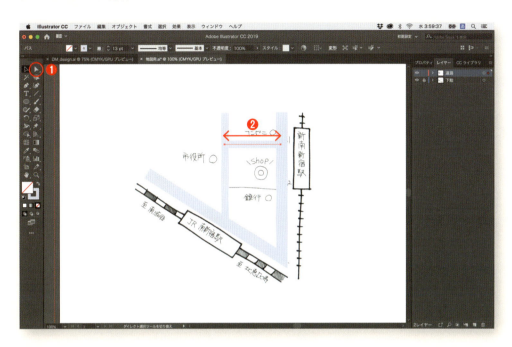

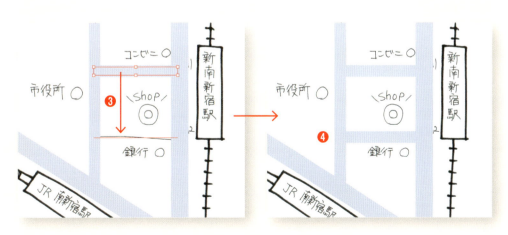

7   道路が描けたら、[レイヤー] パネルで「道路」レイヤーをロックします。

8   鉄道を描きます。[新規レイヤー] をダブルクリックして、レイヤー名を「鉄道」とします（❶）。道路と同様に線を描画・調整したら、鉄道の線を描画しましょう。[ウィンドウ] メニュー―[アピアランス] を選択し（❷）、[アピアランス] パネルを表示します。

• **私鉄などの線路を描く場合**

「ペンツール」や「線ツール」で直線を1本描き、塗りを「なし」にし、描いた線を選択してから［アピアランス］パネルを開きます。

［新規線を追加］アイコンを2回クリックして（❶）、「線」のアピアランスを2つにし、［アピアランス］パネル上で、線の太さをそれぞれ「3pt」と「8pt」にします（❷）。色を設定します（❸❹）。「8pt」にしたほうの線を選択し（❺）、［線］ウィンドウで「破線」をチェックして、破線を設定します（❻）。線分は「2pt」にし、間隔を「8pt」にします（❼）。私鉄の線路が作成できました（❽）。

★ ［アピアランス］パネルで線の種類やオプションを調整する：［アピアランス］パネル内の「線」と書かれたテキスト部分をクリックするとオプションが開きます。

★ ［アピアランス］パネルで任意の色を設定する：❸の塗りや線のアイコンを Shift ＋クリックすると［カラー］パネルでの変更が可能です。

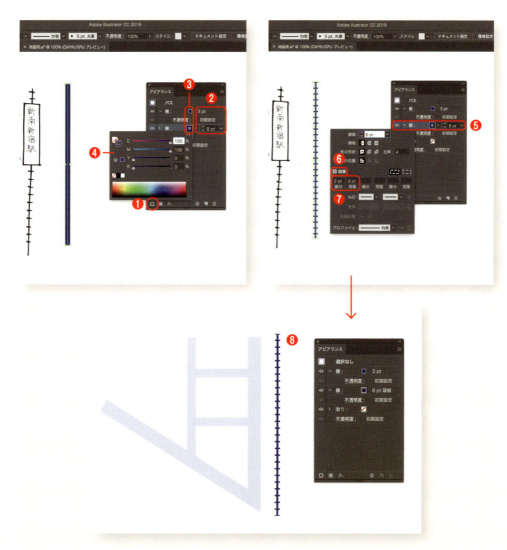

• **JRの線路を描く場合**

P129と同様に、「ペンツール」や「線ツール」で直線を1本描き、塗りと線を「なし」にし、描いた線を選択してから［アピアランス］パネルを開きます。［新規線を追加］アイコンを2度クリックして（❶）、「線」のアピアランスを2つにし、［アピアランス］パネル上で、線の太さをそれぞれ「5pt」（上）と「10pt」（下）にします（❷）。「10pt」（下）は黒にします。「5pt」（上）の線をダブルクリックして、色を白にします（❸）、白いほうの線を選択して（❹）、［線］ウィンドウで「破線」をチェックし（❺）、破線を設定します（❻）。破線の線分と間隔を調整します。上の白い線が破線になっていることで、下の黒い線との縞模様になります。

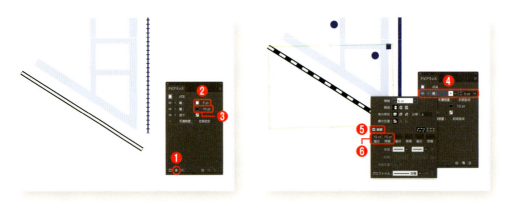

9 　線路を描けたら、文字を入力して「鉄道」レイヤーをロックします（❶）。［新規レイヤー］をダブルクリックして、レイヤー名を「店舗・駅」とし（❷）、駅や目印となるお店などを「長方形ツール」や「ペンツール」で描きます（❸）。

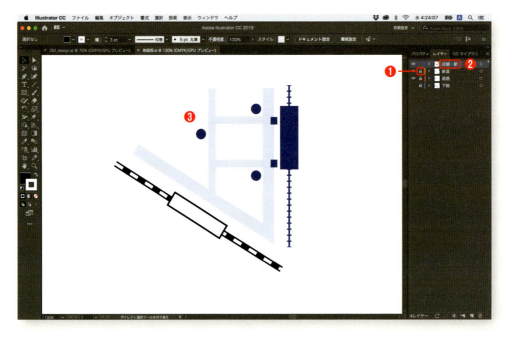

130

10　「文字ツール」で文字を入力します（❶）。縦書きは「文字（縦）ツール」で入力します。フチどりが必要な部分は［アピアランス］パネル上で、3ptの線を追加して、「塗り」に対して「線」が下にくるように移動してフチを付けます（❷）。

★目的地の名前はとくに目立たせたいので、吹き出しにしたり、文字を太くする、色を濃くするなどの工夫をこらすといいでしょう。今回はサロンのロゴを目的地に配置しています。

11　地図が完成しました。このとき、「アートボードツール」を選択して、四隅をクリックして内側へドラッグし、アートボードの余白を小さくしてもいいでしょう（❶）。最後に、［レイヤー］パネルから「下絵」レイヤーを選択し、レイヤーのロックを解除して削除します（❷）。［ファイル］メニュー ー［名前を付けて保存］を選択し、.ai形式で［保存］します（「地図用.ai」）。

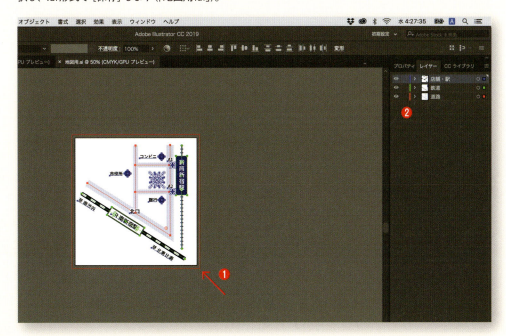

地図を配置する

　完成した地図をDMへ配置するには2つの方法があります。それぞれにメリット・デメリットがありますので、ケースバイケースで使い分けましょう。

　今回のDMでは地図をコピーしたものをDMの.aiデータへペーストしてグループ化しますが、「配置」で地図の.aiファイルをDMの.aiファイルにリンクする方法もあります。

●地図をDMデータへ配置する2つの方法

ロックを解除してグループ化し、コピー&ペーストする方法

配置してから色や情報を修正したい場合などは、「地図用.ai」を開いてロックを解除してグループ化し、コピーしてから「DM.ai」へペーストすると便利です。

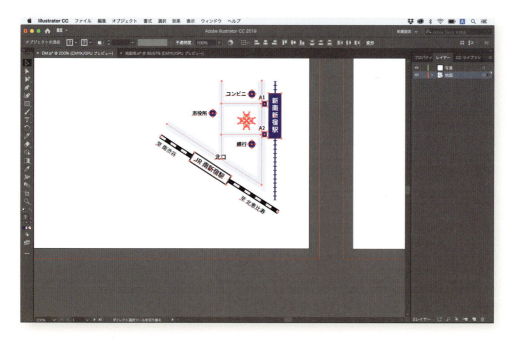

(メリット) 直接編集できるので、色や形、フォントサイズを変えられる。

(デメリット) コピー&ペーストのミスの可能性がある。複数の媒体で同じ地図を使うときに修正が発生した場合、すべての地図を手直しする必要がある。

DM用のファイルへ「配置」する方法

作成した「地図用.ai」を「DM.ai」へ配置して、使いたいサイズへ縮小します。

メリット これまでに作ったレイヤー構造を活かせる。
「リンク」として別のaiファイルとして地図データが存在しているので、さまざまな媒体でひとつの地図ファイルを共有できる。

デメリット 一度「地図用.ai」を開かないと編集ができない。
ファイルの階層が変わると「リンク切れ」となってしまい表示できない。
地図のフォントサイズを「DM.ai」からでは調べられないので、文字が小さくなってしまったり、フォントをアウトライン化し忘れてしまうことがある。

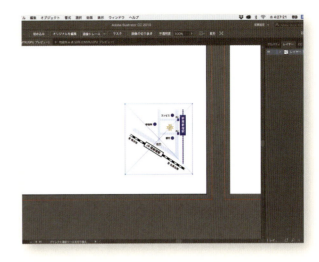

Column

線幅と効果を拡大・縮小

　線を使っている場合、「線幅と効果を拡大・縮小」にチェックを入れた状態で拡大・縮小を行わないと、線が太くなったり細くなったりします。
　オブジェクトを右クリックして、「変形」－「拡大・縮小」－オプションの「線幅と効果を拡大・縮小」にチェックを入れてから（❶）、[OK]ボタンをクリックして縮小します（❷）。

▼「線幅と効果を拡大・縮小」に
チェックが入っていない状態で
縮小した場合

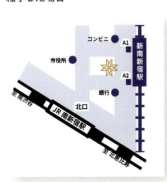

▼「線幅と効果を拡大・縮小」に
チェックを入れて縮小した場合

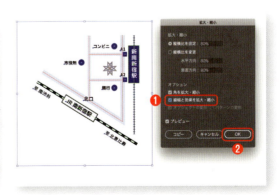

06 制作

レイアウトを仕上げよう

地図の作成や写真の調整ができたら、手描きのスケッチを元に写真や文字を配置して、DM全体のレイアウトを整えていきます。

細部を作り込もう

まずはすべての情報を一度配置してから、細部をどういったアレンジにするかを考えると、一部の要素が極端に大きい、あるいは小さいといったことが避けられ、作業時間の短縮にもなります。

手描きのラフを参考に、必要な情報を入力していきます。ラフの時点でレイアウトができていれば、悩む時間を大幅に短縮できます。すべての情報をまず入れてから詳細部分を調整するといいでしょう。宛名面については、切手を貼らない料金別納や料金後納はその部数やタイプによって記載が異なる場合があるので、事前に郵便局などで確認・申請をして許可を得ておきます。ここでは、一般的なポストカード形式で、切手を貼って差し出すデザインについて説明します。

STEP 1　基本の要素と文字を入力する　　Ai

1　地図、宛名面、ロゴが配置された帯などのレギュレーションを配置しておきます。「長方形ツール」で、クリッピングマスク用の長方形や、価格の目立つ部分など、レイアウトの基本になる要素を配置します。これらの長方形は、実際に写真を配置した後に、文字などの情報量を見ながら位置やサイズを微調整していきます。

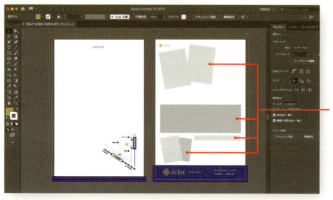

「長方形ツール」で作成

2　テキストを入力します。最初はフォントを選ばず、情報を入力して、大まかな大きさを決めていきます。「文字ツール」を選択して、入力したい箇所でクリックし、キャンペーンタイトルを入力します。一文の入力が完了したら、「選択ツール」を選択するか、command + return キーで「文字ツール」を解除します。情報を入力してみて、手描きのラフと異なる点が出てきた場合は、デザインデータを優先して進めましょう。

★「文字ツール」を選択し、アートボード内をワンクリックして文字を入力する「ポイント文字」と、「文字ツール」を選択してアートボード内をドラッグして範囲を決めて文字を入力する「エリア内文字」を使い分けるといいでしょう。「エリア内テキスト」の場合は［段落］パネルや［プロパティ］パネルの「段落」から、「禁則処理」で「弱い禁則」を掛けておくと、禁則処理を行えます。

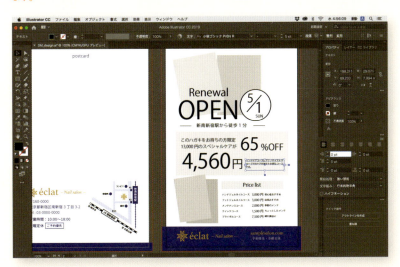

3　フォントを選択します。Adobe Fontsで使えるフォントで構成します。「Renewal OPEN」のタイトル、オファー内容の数字部分（価格と割引率）や、日付など、しっかり目立たせたい部分にはFutura PTのDemi（デミボールド）を使用します。

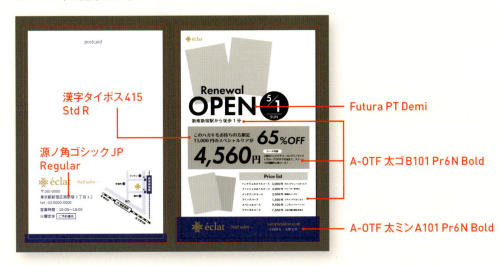

135

STEP 2　写真を配置する

［ファイル］メニュー －［配置］で、切り抜いた女性の.psdデータや、角版のネイルの写真をクリッピングマスクでレイアウトします。「クリッピングマスク」の詳細な手順については1.5章、2章を参考にしてください。
★角版の画像を斜めにして配置することで、ポップな印象になり、安値感や気軽な印象を演出できます。人物の写真を切り抜いておくことで、写真（ネイル）が占める面積を大きくできます。

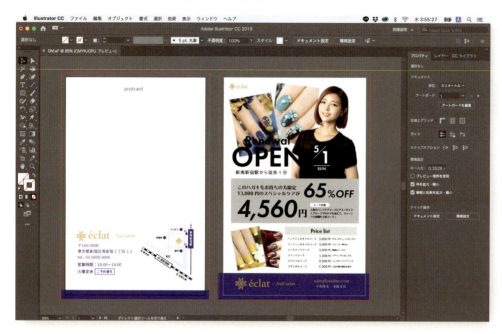

STEP 3　背景のパターンを作る

1 写真の背景の白色が背景として少し寂しいので、薄い水色のストライプのパターンを作りましょう。［ウィンドウ］メニューで［スウォッチ］パネルを表示しておきます。アートボードの外側などで、パターンの元になる長方形を描きます。「長方形ツール」で薄い水色の長方形を作成します。
★C:20, M:10, Y:0, K:10を設定しています。

2 「選択ツール」に持ち替えて描いた長方形を [スウォッチ] パネル上にドラッグします（**1**）（緑のプラスマークが [スウォッチ] パネル上に表示されたらマウスから手を離す）。パターンスウォッチが登録できました（**2**）。[スウォッチ] パネル上でアイコンをダブルクリックすると、「パターン編集モード」に切り替わります。
★長方形を選択し、[オブジェクト] メニュー －[パターン] －[作成] でも、パターンを作成できます。

3 「パターン編集モード」では [パターンオプション] パネル（**1**）でパターンの編集ができます。元の長方形（**2**）の色や形を編集すると、まわりの半透明の部分も一緒に変化します。

4 元の長方形を選択して、[Shift] キーを押しながら斜めに回転させると、まわりのパターンも変化します（**1**）。「横の間隔」「縦の間隔」にマイナスの値を入れると、継ぎ目のない斜めのストライプになります（**2**）。作成ができたら、上部の「完了」をクリックすると（**3**）、元の編集画面に移動し、**1**で作った長方形に**2**で登録したパターンが適用されます。

5 「長方形ツール」を使って DMのアートボードを覆うように、背景用の長方形を描きます。[スウォッチ] パネルで4で作ったパターンスウォッチをクリックする（❶）と、長方形に作ったパターンが適用されます（❷）。「重ね順」ー「最背面」に配置します。

6 パターンを文字や写真に合わせてみると、パターンが大きいことがわかりました。一度配置したパターンを修正します。❷で[スウォッチ] パネルに登録したパターンをダブルクリックして、パターンを再編集し、DMのデザインと馴染むようにします。線を細くして、色を薄くしました（❶）。オリジナルのパターンスウォッチを背景に配置できました（❷）。
★帯部分と同じ系統の色を使うことで、紙面にまとまりが出ます。

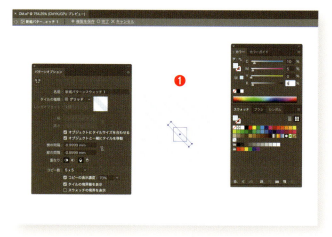

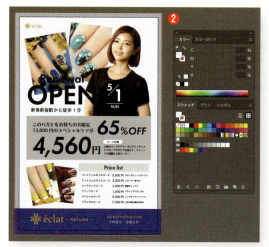

STEP 4 文字に色と効果を付ける

写真と文字のバランスを見ながら文字に色を付けていきます。今回はブランドロゴのイメージカラーでDMを構成し、落ち着いた印象を持たせたいので、紺色と金（のように見える黄色）、黒文字を使っていきます。

1 見出しにフチを付けます。[アピアランス] パネルで線を設定して、フチ（袋文字）を設定すると（❶）、写真と文字の境界をよりはっきりさせることができるので、読みやすくなります（❷）。

★紺色：C:100%, M:100%, Y:0%, K:0%　　★黄色：C:25%, M:40%, Y:80%, K:0%

2 価格と割引率の部分に、影（ドロップシャドウ）を付けます。両方を選択して、[アピアランス] パネル下部の fx（新規効果を適用）をクリックし、「スタイライズ」－「ドロップシャドウ...」を選択して適用します（❶）。文字に影が付くことで、より文字が強調されます（❷）。

3 こうした効果をわずかに適用することで、紙面に変化が生まれます。

印象に変化が出る

STEP 5　表の背景と罫線を付ける

背景のパターンにより、文字の小さな価格表をきちんと見せる必要が出てきました。背景に白を敷いて、線を金色（黄色）にします。

140

07 制作

データ入稿の準備をしよう

　データが完成して、校正が済んだら入稿します。.ai形式のネイティブデータでの入稿方法には、2章で紹介した画像を「埋め込み」する方法のほかに、画像をリンクにし、「パッケージ」という方法で画像をまとめて、フォルダごとを印刷会社に入稿する方法があります。

テキストのアウトライン化とパッケージ

1 ［ファイル］メニュー －［保存］でデータを保存しておきます。さらに、［ファイル］メニュー －［別名で保存］を選択して、入稿用の.aiファイル「DM_ol.ai」を別名で作成します。［書式］メニュー －［アウトラインを作成］で文字をアウトライン化します。

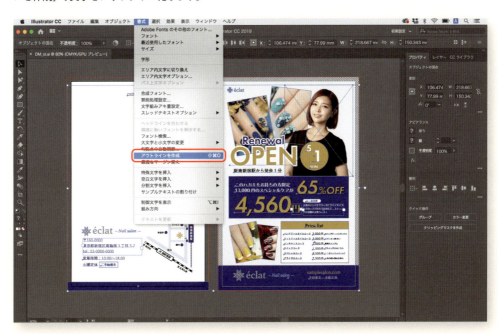

2 ［ファイル］メニュー －［パッケージ］を選択します（❶）。「パッケージ」ダイアログが開いたら、保存場所を「デスクトップ」にして、［パッケージ］ボタンをクリックします（❷）。

3 作業用データとは別に、パッケージされたデータフォルダが新しくデスクトップに生成されるので、［OK］ボタンをクリックします（❶）。パッケージによって作られたフォルダは.aiのデザインファイルと「Links」というリンク画像が格納されている構成となります。アウトライン化した.aiデータが入っているパッケージされたフォルダを圧縮して（❷）、オンラインストレージサービスや印刷会社のサーバーを介して入稿します。

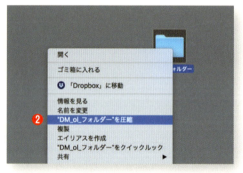

4 入稿にあたっては、.ai形式の入稿でも、確認用として別途PDFファイルを添付するといいでしょう。［ファイル］メニュー －［別名で保存］を選択して、「ファイル形式」をAdobe PDFにして作成します（❶）。

142

Column

PDF入稿のメリットと注意点

　10年以上前の印刷用データは、.epsや本書で紹介している.aiファイル（ネイティブデータ）での入稿が当たり前でしたが、画像のズレやリンク、フォントの不備が生じやすいという欠点があります。そこで近年はPDFでの入稿を推奨する印刷会社も増えてきています。PDF入稿は、画像やフォントデータがデータの中へ埋め込まれるので、画像のリンク切れやテキストのアウトラインの取り忘れを心配する必要がない、OSやバージョンに依存しない、データの総量も軽くなるなど多くの利点があります。

　オフセット印刷を前提としたPDFの専用の規格としてはPDF/X系があり、長年PDF/X1-aが推奨されてきましたが、一部のデータで透明効果が含まれた部分がうまく出力できないなどの問題もありました。現在ではこういった問題を解決しつつ、RGBにも対応しているPDF/X-4を推奨する傾向にあります（印刷会社側の出力機器によって決まります）。PDF入稿する場合はまず、印刷会社が推奨する規格を確認してからPDFを作成しましょう。デー

タの作り方は簡単で、Illustratorの［ファイル］メニュー［別名で保存］から「PDF」を選択し、「準拠する規格」の中から、印刷所が指定しているPDFの規格を設定します。

　ここまで紹介してきたように、現在印刷データの入稿形式には、2章で紹介した①.aiネイティブファイル（画像埋め込み）、3章で紹介した②.aiネイティブファイル（画像リンク）、そして③PDF形式（X-1a,X-4）の3種類があります。どの方法が最適かは印刷側によって決定されるので、本書ではこの3種類の入稿方法をすべて紹介しています。印刷所の指示に従った方法で、適切な印刷用データ（完全データ）を作成できるようになれば一人前です。

DMをもっと目立たせるには

　文字原稿をそのまま打ち込んだだけのデザインは見ているほうが飽きてしまい、訴求内容がなかなか伝わらないことがあります。そんなときは、特に見て欲しいポイントを「グラフィック処理」するといいでしょう。DMの価格や日付など、一番目立たせたいところを「グラフィック処理」すると、その部分を強調できます。

▶ 何を「グラフィック処理」するかを決める

　「グラフィック処理」という視点で身のまわりの印刷物を見てみると、たくさんの情報が上手にデザインされていることに気が付きます。
　たとえば、文字原稿の中に以下の情報はないでしょうか。

- 日時と曜日、時間などの期間
- 割引率や値引額などの数字
- 新登場、New、最新、限定などの短い煽り言葉
- キャンペーン内容を補足するような短めのコピー

グラフィック処理できる例

10月3日　新登場
98円均一　NEW
限定商品　会員特典
50%OFF　母の日

　では、何でもグラフィック処理すればいいのでしょうか。試しにスーパーや家電量販店などの「安売りチラシ」を見てみましょう。「安売り」を訴求しているデザインは、赤やオレンジ、黄色や青などの組み合わせで、非常に目立つアイコンが上手に多用されています。この効果が「安そう」という演出に一役買っているわけです。一方で、分譲マンションや高級車などの「高級品のチラシ」では、装飾は少なく、色数も金や銀（のような色）、黒など最小限に抑えられている場合が多いと思います。商材によって形や量は異なりますが、チラシなどの販促要素がある媒体には、「訴求したいポイント」が必ずあり、その部分はグラフィック処理されていることが多いのです。
　グラフィック処理するうえでは、単語同士のメリハリも大切です。たとえば、「50%」「10月3日」などは、「%」や「月」「日」の文字サイズをあえて小さくすることで、日付や割引率を強調できます。ほかには、税金の表記や「円」などを小さくする場合があります。

STEP UP テクニック　トゲトゲのアイコンを作る

チラシやDMでよく見る、トゲトゲのアイコン（バクダン）の作り方を紹介します。2章のSTEP UPで紹介した「袋文字」と合わせてより目立つアイコンも作れます。

1 「スターツール」を選択し、アートボードの任意の場所をクリックします。

2 「第1半径」「第2半径」「点の数」を入力します。このとき、「第1半径」と「第2半径」の数値の差が大きいほどトゲが鋭くなります。「点の数」が多いほど、トゲの数が多くなります。

3 ここでは、第一半径を10mm、第二半径を12mm、点の数を30としています。作りたいバクダンの大きさやトゲの数に応じて、何度かテストしながら作成していきましょう。最後に色を調整し、文字を乗せて完成です。完成したアイコンは「グループ」化しておくといいでしょう。

いろいろなアイコン

50%OFF ▶ 50%OFF ── 基本形

源ノ角ゴシック JP Heavy

Column

自分で印刷するときには

「実際に印刷して確認しよう（P34）」で紹介したような入稿前に印刷して確認するときや、自宅や会社のプリンターで直接印刷したものをPOPやDMとして使用する場合に役立つ、Illustratorの印刷方法について解説します。

●トンボを表示して印刷する

普通に印刷するときは、［ファイル］メニュー－「プリント」を選択します。「プリント」ダイアログが表示されるので、「プリンター」「用紙サイズ」を選択し、「プリント」で印刷できます。

アートボードに「裁ち落とし」を設定しているときは、「プリント」ダイアログの「トンボと断ち落とし」を選択し、「トンボ」にチェックを入れるとIllustrator側でトンボを付けて印刷できるので、カッターでトンボを切って正確な仕上がりイメージを確認できます。

●大きいサイズを印刷する

プリンターの用紙サイズを超える大きさの印刷をしたいときは、貼り合わせるために、分割して印刷する必要があります。「オプション」「拡大・縮小：タイル（用紙サイズ）」にして、重なりを20mm程度に設定します。印刷したら、中央のトンボなどを手がかりに、重なっている部分（20mm分）を貼り合わせましょう。

★左側のプレビュー画面はドラッグ操作ができるので、用紙に対して印刷したい領域を定義することもできます。

クリックしてもらう
ウェブ広告のデザイン

～バナーを作ってみよう

この章は読者の皆さんが自社サイトやECサイトなどのウェブ担当者（更新をする立場）となってしまったときに、「ちょっとした画像」などを作れるようになるための章です。ウェブデザイナーでない方が、突然ゼロからウェブサイトを作ることはそうそうないと思いますが、業務の一環として、いわゆるバナーなどの「ちょっとした画像」の作成を求められるケースもあると思います。外部のデザイナーさんに発注する場合であっても、紙とウェブの違いや制作方法を理解しておくだけで、スムーズな発注やコミュニケーションの助けになることでしょう。

01 プランニング

ウェブの特徴と違いを考えよう

　ここまで見てきた印刷物の制作と、本章のウェブ制作、両者の違いはどこにあるのでしょうか。1章で紹介した5W3Hの重要性は印刷もウェブも同じですが、それぞれの特徴は異なります。まず、作り方の違いと、媒体の"見られ方"の違いに焦点をあてて考えてみたいと思います。どちらも「IllustratorとPhotoshopで作るグラフィック」には違いないのですが、作り方や設定が若干異なります。注意点を見てみましょう。

▍印刷とウェブ、作り方の違い

印刷はCMYK、ウェブはRGB

　色の表現は、印刷はCMYKの4色、ウェブはRGBの3色で構成されています。RGBよりも表現できる色数の少ないCMYKモードで作成した画像をディスプレイで表示すると、カメラから直接取り込んだ画像などと比較して、色がくすんで見えてしまいます。デジタルカメラで撮影した写真データはRGBカラーモデルを採用しているので、印刷物とウェブサイト両方で使う写真などの素材があるときは、元の画像も残しておくよう心がけましょう。

▼CMYKとRGBのしくみの違い

インキの組み合わせによる
減法混色

光の組み合わせによる
加法混色

　上図のようにCMYでも理論上は黒を表現できるが、色に「しまり」を出すためにK（黒）を追加するのが一般的。最終的にモニターに表示する媒体はすべてRGBで作業するのが原則。

大切なプロファイル、ウェブデザインならsRGBを

　RGBやCMYKにも、いろいろな種類があります。この種類を表すのが「カラープロファイル」です。その画像をどのように印刷やモニターで表示したいかを制作者が示すためのもので、プロファイルの種類や有無によって、同じRGB画像でもモニターでの見え方が変わってくる場合があり、注意が必要です。

　たとえばデジタル一眼レフカメラで撮影した画像にはAdobe RGBというカラープロファイルが埋め込まれていることがありますが、このAdobe RGBは、標準的なモニターの規格であるsRGBと比べ色の再現領域が広いために、Adobe RGBに対応していないモニターで表示するとかえって色がくすんで見えてしまうケースもあります。Photoshopの「編集」メニューの「プロファイルの変換」から「カラープロファイル」を埋め込んだり、変更できます。ウェブデザインであればsRGBのプロファイルを埋め込んで作業するとよいでしょう。

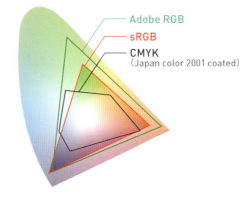

XYZ表色系のxy色度図（人間が見ることのできる色域）

色度図に対しての各プロファイルの違い。同じRGBでも違いがある。ウェブデザインでは、sRGBを選択する。

印刷は高い解像度、ウェブ画像は少し低め

　ppiとは、pixel per inch「1インチ（＝2.54センチ）の中にいくつピクセルがあるか」というビットマップ画像のキメの細かさを示す単位です。ファイル容量と解像度は比例し、印刷物のほうが大きくなる傾向にあります。印刷物のサイズにもよりますが、オフセット印刷のA4サイズのカラーチラシなどであれば350ppi前後がいいとされています。一方のウェブでは、長らく72ppiが基本とされてきましたが、近年ではRetinaディスプレイなどの高解像度モニターへの対応でより高解像度の画像が要求される場合もあります。

20ppi　　　　　　72ppi　　　　　　350ppi

解像度（ppi）が減るほど画像が荒くなる。
ウェブ向けの解像度では、印刷には不十分。
印刷とウェブ両方を手がける場合は、ウェブ向けの解像度で印刷物を作らないように心がける。

印刷はmm、ウェブはpx（pixel）

　印刷とウェブでは扱う単位が異なります。印刷はmm、ウェブの場合はpixel（ピクセル）が基本です。単位が混在してしまうと、思ったようなサイズで操作ができないことがあるので、mmとpixelは混在させないように各アプリの「環境設定」の「単位」や、ファイルの初期設定などで注意が必要です。

印刷は「入稿（下版）」、ウェブは「アップロード」や「コーディング」が必要

　印刷データの入稿手順は2章、3章で取り上げたとおり、.aiや.pdfで入稿します。一方のウェブ制作は、.aiや.psdなどのアプリ専用の拡張子から、.jpg、.pngといった一般的な画像拡張子へ「書き出し」をして、「アップロード」をして、ウェブサイトへ公開します。場合によっては、書き出した画像をHTMLやCSSなどに組み込む「コーディング」が必要になります。※

※本書は広告画像の制作に着目しているため、コーディングについては解説しません。

印刷とウェブ、メディアの違い

効果測定と修正がしにくい印刷、結果が明確で修正しやすいウェブ

　チラシなどの販促用の印刷物の弱点のひとつは、具体的な効果測定が難しいという点です（クーポンコードを付けて購入を促すなどで、ある程度把握することは可能です）。また、仮に結果が悪そうな場合にも、即座にデザインのアプローチを変更することができません。これらができるのがウェブの良い点です。アクセス解析をきちんとして、分析できる知識があれば、デザインを少しずつ変えながら「売れるデザイン」を模索することができます。

読み返せる印刷、一瞬が勝負のウェブ

　じっくりどこでも読めるのが印刷物の特徴です。インターネットにつながっていて、何かしらのデバイスがないとアクセスできないウェブサイトと違って、手元にあればいつでも確認できるのも印刷物の長所です。

　たとえば、通販などでよく同梱されている会報誌などは、企業とお客さまとの、長期的なコミュニケーションには必要不可欠なツールです。同じ情報をSNSや自社サイトなどでも情報を発信することはできますが、「ウェブサイトを見に来てもらう」という、ユーザーの能動的なアクションを必要としていますし、SNSは写真や短文が好まれる傾向にあるので、商材への関心が低い層に対して、ある程度まとまった情報を届けることは難しいでしょう。この点はプロモーションの内容次第で良くも悪くもコントロールできるので断言することは控えますが、「じっくりしっかり」伝えたい場合は、ウェブ制作と一緒に印刷物の制作を検討するといいと思います。

印刷は絶対的なサイズ、ウェブサイトはさまざまなサイズで表示される

印刷はデータひとつに対して作ることのできるサイズはひとつだけです。それに対して、ウェブはさまざまな環境や画面サイズで表示されることを意識しなくてはいけません。たとえばひとことで「PC」と言っても、OS、モニターの機種や、ブラウザによっても異なりますし、タブレットやスマートフォン、ゲーム機など、今日ではさまざまな環境であらゆる端末からウェブサイトにアクセス可能だということを意識して、ある程度の種類のデバイスで閲覧されても問題ないようにデザインする必要があります。

具体的には、一部のモニターで表示しにくい極端に淡い色使いをしない、スマホで小さいサイズで表示されることを考えて、小さい文字を使わないなどの配慮が必要です。

共通する「Zの法則」、ウェブ独特の「スクロール」

印刷物を見るときの基本法則に「Zの法則」と呼ばれる視線の動きがあります。この法則に則って、印刷物では特に重要な情報は上部、特に左上に配置するのがセオリーになっています（文字が縦組みの場合は右上）ロゴマークなどがよく左上にあるのはこの法則によるものです。

一方で、ウェブの場合はこの法則に加えて「スクロール」があります。特にECサイトの場合はスクロールをさせて、サイトのより深部を読ませる努力が必要になるので、次（下）を読ませるための何らかの工夫が必要です。

▼印刷物とウェブのZとI（スクロール）

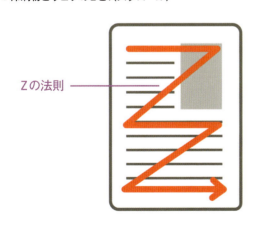

Zの法則

スクロール

印刷物は「Zの法則」
ウェブは「Zの法則」に加え、
スクロールで見られる。

ウェブサイトを見てもらう工夫

離脱を減らすには、スムーズに「回遊」させる配置が必要

特にECサイトなどのショッピングサイトでは、多くの場合、より長く同じサイトに滞在してもらい、商品を納得して購入してもらうために、魅力的なバナー（リンク先）を制作しようと工夫します。ページ下部までスクロールしていったときのリンク先が魅力的だと、同じサイトを何度も「回遊」できます。サイト下部のフッター部分に主要コンテンツの一覧がある形式はポピュラーなレイアウトですし、「こちらの商品はいかがですか？」と商品をレコメンドするエリアも、この「回遊」を狙ったものです。もし、制作するバナーの表示場所について、「どこに掲載するか」を制作者が決めていい場合、下部や、常に表示されているサイドメニューなど「回遊」しやすい場所を意識したバナーの配置を試してみましょう。

▼回遊させる工夫を考える

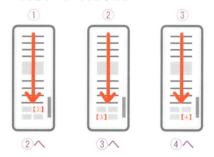

回遊しやすいバナー位置を試す。

「店員やほかのお客さまの顔が見えない」不安を払しょくすることで購買につながる

実際の店頭と異なり、指名買いの（ユーザーが購入する商品やブランドがあらかじめ決まっている）場合をのぞいて、「手に取れない」、「誰が売っているかがわからない」、というのがECサイトのデメリットです。

これを払拭するためには、商品情報を詳細に見せることはもちろんですが、販売スタッフの顔が実際に見られるなどの「デザインでの接客」も大事なテクニックです。アパレル系のECサイトなどでは、スタッフの身長と一緒に着用イメージが掲載されていて「商品の詳細」「スタッフの接客」両方が実現できているような一石二鳥の施策を行っているサイトも多くあります。ECサイトを更新していくときには、お客さまの声や店頭での接客販売を考えながら、必要な要素を洗い出していくのがいいでしょう。

▼アパレルサイトの施策の例（筆者制作）

顔を出すことでネットの向こう側の店舗を意識させ、顔が見えないことへの不安を減らす。

トライ＆エラーを繰り返そう

　どんなバナーが「当たる」か、実際のところわかりません。実際に、美しいバナーよりもいびつなバナーのほうがコンバージョン（成約）率が高いなどというケースもあります。ウェブサイトは結果が具体的にすぐわかり、費用や時間の面からもトライ＆エラーがしやすい媒体です。同じ商材について見せ方を並行にテストする「A/Bテスト」であったり、デザインを少しずつ変えて反応を見ていく方法など、低予算ですぐに試せる改善方法がたくさんあります。プロのデザイナーが制作する美しいデザインももちろん価値がありますが、肝心なのは内容です。「当たる」内容を模索し、スピーディーにトライ＆エラーを繰り返していくことで、バナーの価値はより高まります。他社のデザインの"上っ面"を真似るだけでは、何が良かったのか／悪かったのかを細かに成果を検証し、高めていくことはできません。「当たり」「外れ」の積み重ねによる知見とクリエイティブの積み重ねが財産になります。

▼「A/Bテスト」で改善する

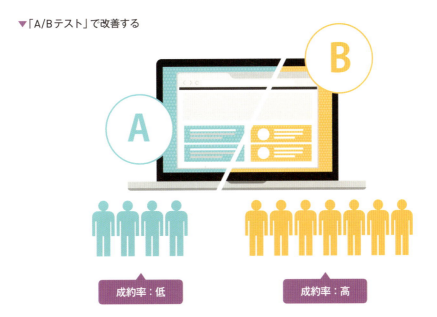

見た目が美しくても、成約率に結びつくとは限らない。
A／Bテストを繰り返して自社だけの「勝ちバナー」を見つける工夫を。
そのためには、何が良かったかや、何が駄目だったのかをしっかり振り返ることが大切。
「イマイチだったから、新しくイチから作ろう！」ばかりではもったいない。

02 プランニング

「どこで知らせるか」集客の観点を考える

　ウェブ上には多くの広告が存在します。こうしたサイトやサービスを紹介するための画像のことを「バナー」と言います。こうしたバナー広告を制作して掲載することはさほど難しいものではありません。さまざまなサイトへ掲載可能なので、サイトのどこに掲載されるか把握が難しい場合もありますが、「どこで何を伝えるか」を念頭に情報の優先順位を絞っていきましょう。

「どこで」

　まずはサイトのどの位置でそのバナーを見せるのかを確認します。掲載場所が決まっている場合は、そのまわりがどういうデザインなのかを調べてからデザインを考えます。たとえばSNSに掲載するためのバナーであれば、それぞれのSNSの中で目を引くようなバナーがいいでしょうし、落ち着いたコーポレートサイトの中にあるボタンやバナーを修正する場合は、サイトのイメージを崩さない落ち着いたデザインが求められます。

　とはいえ、ネット広告の種類によってはすべての表示先のサイトを完全に把握しきれないタイプのものもあるので、そういった用途の場合、まずはすべての（ブランドイメージを損ねないレベルの）埋没しない目立つデザインや、最も訴求したい内容を簡潔に書いたコピーをしっかり読ませることを心がけましょう。

▼バナーのサイズや位置を確認してみよう

YOMIURI ONLINE
https://www.yomiuri.co.jp/

アメーバブログ
https://official.ameba.jp/

「なにを」

バナーの中で、何を一番に見せるのかの優先順位を設計します。商品の場合は、値段なのか、機能なのか。イベント告知だったら日時なのか、場所なのか。バナーサイズが小さいときは、すべての情報を掲載できない場合のほうが多いので、チラシと比べてより厳密に写真・イラスト・情報の優先順位を設定し、「省略」する必要があります。同じ内容であっても、サイズが異なる場合は情報量を整理して、掲載しない内容を決めておきましょう。

▼Google広告向けのバナーサイズの例（縦×横）

パソコン向け		モバイル向け
250×250	336×280	320×50
200×200	120×600	200×200
468×60	160×600	250×250
728×90	300×600	300×250
300×250	970×90	320×100

引用：Google広告ヘルプ「一般的なイメージ広告のサイズについて（https://support.google.com/google-ads/answer/7031480?hl=ja）

▼痩身エステサロンのバナー広告の例

STEP 1　「何を」言うかを整理する

① キャッチコピー
　「気になる箇所を最新機器で狙い撃ち！」
② 初月0円 無料カウンセリング受付中
③ 特徴「痩身」「玉肌」「若見せ」
④ 通常価格 痩身エステプラン
　月額1,980円（税別）
⑤ サロンのロゴ
⑥ イメージ写真

STEP 2　基本のデザインを完成させる

完成
幅250pix×高さ250pix

①
②
③
④
⑤
⑥

STEP 3　デザインしたパーツをサイズごとに組み直す

小さいサイズのバナーでは、①〜⑥の中で、優先順位の低い要素を省く

③と④、②の一部をカット

幅320pix×高さ50pix

03

「拡張子」とふたつの「サイズ」を理解しよう

　PhotoshopやIllustratorで作った画像を.psdや.aiからウェブ向けの拡張子に保存することを「書き出し」と呼びます。作った文字や写真をウェブサイト内できれいに表示するためには、絵柄と出稿先の制約に合った拡張子を選び、縦横のピクセル数とファイル容量という、ふたつの「サイズ」を適切にコントロールして「書き出し」をしなくてはいけません。

▌「拡張子」を理解して活用しよう

　現在、ウェブの画像用としてはJPG（ジェイペグ）やPNG（ピング）といった拡張子がいいとされています。細かい設定を含めて代表的な拡張子の特徴を簡単に比較してみましょう。

▼ウェブで使われている代表的な拡張子

バナー制作では、JPGかPNGのどちらかを使う

階調表現豊かな写真にはJPEG（.jpeg,.jpg）
1670万色を扱えるJPEGは写真やグラデーションなどが得意。圧縮すればするだけブロックノイズ、モスキートノイズなど画像の劣化を招くが、一般的に80％程度の劣化であればそれほど視覚的に劣ることはない。また、画像内での色調変化を抑えると画像のファイル容量を抑えられる。透過は扱えない。

とにかく画質を落としたくないときはPNG-24（.png）
可逆圧縮方式で圧縮後に品質劣化がないのがPNG-24の特徴。とにかく画質を落としたくないときは、PNG-24ビットの使用に。その一方で、ファイルサイズが大きくなりがちなので、注意が必要。

容量を落としたいときはPNG-8（.png）

軽量でベクター（Illustrator）を使ったアイコンやイラスト、ロゴなどの書き出しに向いている。単色のグラデーションでは、GIFなどと比べても、PNG-8での書き出しが最も軽くなる。フチがギザギザになりやすいので、透過を要する切り抜き画像などを書き出すときはPNG-24を選択するなどの工夫が必要。

ベクターデータを表示できるSVG（エスブイジー）

Illustratorで描画したベクターデータをウェブ上で表示可能にしているのがSVG形式で、最近注目されているフォーマットだが、バナー自体をSVGデータにすることはほとんどない。Illustratorで描いたオブジェクトやロゴ、複雑なタイポグラフィを美しく見せたい場合や、インタラクション（動き）を入れる場合などに使用される。

> **Column**
>
> #### GIF（ジフ）はダメなの？
>
> GIF形式は、古くから使われているフォーマットです。透過やアニメーションなどができることで今でも小さなアイコンなどで使用されているファイル形式ですが、使える色の制限が最大256色と厳しく、現在はPNGのほうが、透過（半透明）や画質のコントロールなどの自由が効くフォーマットとなっています。

さまざまな「バナー」と画像サイズ

「バナー」は、外部のサイトに表示される「バナー広告」以外にも、さまざまな場面で必要になります。たとえば、Amazonや楽天、Yahoo!ショッピングなどの外部ECサイトや、SNSに掲載するための、ちょっとしたバナー的な画像が必要になる場合もあります。こういった画像で特に大切なのは「サイズ」です。幅と高さを意味する「サイズ」と、ファイルの容量の「サイズ」、両方に気を付けなくてはいけません。それぞれのサイズについては、各サイトが用意しているマニュアルを参照するとよいでしょう。

「自社サイト」のちょっとした更新をする場合もあると思います。最近はWordPressなどのCMS（Content Management System：プログラム知識がなくても記事の更新などのサイトを更新できる仕組み）により、ウェブデザイナーでなくてもサイトを更新する機会も増えました。その際に、アイキャッチと呼ばれる画像を用意する必要もあります。こうした画像作成も、バナー作成のひとつと言えます。CMS向けの画像を作らなくてはいけないときは、すでに掲載されている画像をダウンロードしてサイズを調べておき、そのサイズと同じ大きさの画像を作成するとよいでしょう。

制作 | Photoshopを使ったバナー制作

考え方と完成デザインを見比べよう

写真の多いバナーは、Photoshopでの制作が向いています。幅300pixel×250pixelで、付近の地域のユーザーに限定して表示される住宅展示場のバナー広告を作成していきます。

まずは「5W3H」を整理しよう

- **When** ▶ いつ出る？
- **Where** ▶ どこに出る？
- **Who** ▶ だれに出る？
- **What** ▶ なにを載せる？
- **Why** ▶ バナーの目的はなに？
- **How** ▶ どんな切り口で表現する？
- **How mach** ▶ いくらで出す？
- **How many** ▶ いくつ作る？

 住宅展示場の公開日の告知 → 住宅購入を検討している方の来店

住宅展示場の告知ですから、ブランドや場所と期間は必須です。値下げの難しい商材の場合、プレゼントなどのオファー（特典）が効果的です。過度な装飾や奇抜な「切り口」は必要ありません。必要な情報をしっかり見せることを心がけます。

 住宅展示場の写真と週末の開催をしっかり告知し、見込み客の来店を促す。表記に縦書きと横書きを使うことで、「メリハリ」のあるバナーにする。

サイズの制約が厳しいバナー広告の場合は、素材のサイズや情報によって実現できるデザインも限られる傾向にあります。「言いたいこと」を厳選するようにしましょう。

What 日付と休日（青・赤）は特に明確に。

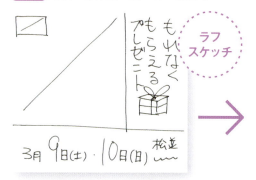

04  制作

Photoshopを使ったバナー制作

STEP 1 ドキュメントを作る

1 Photoshopを起動し、[ファイル] メニュー ー [新規] で「新規ドキュメント」ダイアログを開きます。「Web」をクリックします（❶）。ここでは右側の「プリセットの詳細」に、バナーの「幅300ピクセル」「高さ250ピクセル」を入力して（❷）、[作成] ボタンをクリックします（❸）。「方向」は「横」、「アートボード」のチェックは外しておきます（❹）。

★「アートボード」はひとつのpsdファイルで複数のページやバナー作成などが作れる機能ですが、レイヤー構造が複雑になるため、ここではアートボードを作らない方法で解説します。

2 幅300pixel、高さ250pixelの「カンバス」ができました。

STEP 2 「シェイプ」で枠線を描く

1 「長方形ツール」を選択して（❶）、カンバスの中で1度クリックします（❷）。「長方形を作成」ダイアログが出るので、「幅：300px」「高さ：250px」と入力して（❸）[OK]ボタンをクリックします（❹）。
★オプションバーに「シェイプ」と表示されていることを確認しましょう。「パス」や「ピクセル」の場合は「シェイプ」にします。

2 [属性]パネルから塗りの色を「なし」（❶）、線の設定で黄色（金色をイメージさせる、暗い黄色）を選びます（❷）。「線の幅」は「2px」にします（❸）。

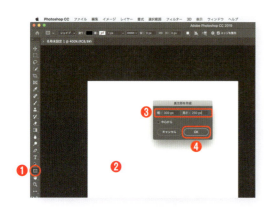

3 枠線の位置をカンバスに揃えます。[属性]パネル（❶）に、「X：0px」「Y：0px」と入力します（❷）。カンバスのサイズに長方形がぴったり収まります（❸）。

4 「線の整列タイプを設定」をクリックして（❶）、一番上のマークになっていることを確認します（❷）。
★❷は300pixel×150pixelの四角形の「内側」に線が表示されていることを示しています。

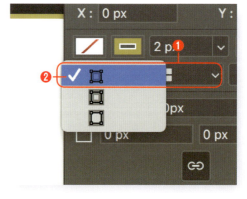

5⃣ 線ができたら、[レイヤー]パネルで、「長方形1」のレイヤーを選択して、「枠線」と名前を変更し(❶)、鍵のマークをクリックしてレイヤーをロックします(❷)。[ファイル]メニュー －［保存］でここまでを「バナー.psd」という名前で保存しておきます。

★シェイプで四角形の枠線を作成することで、[属性]パネルを使って、色の修正やサイズの再編集ができるようになります。

STEP 3 写真を配置する

1⃣ 住宅の写真を準備します。[ファイル]メニュー －[開く]から、写真を開きます。

2⃣ 写真のサイズを確認して、ウェブのバナー用に小さくします。[編集]メニュー －[画像解像度]を選択します。サイズと解像度が表示されるので、解像度を「72ppi」、サイズを「幅600pixel～700pixel程度（バナーサイズより少し大きめ）」の数値にして(❶)、[OK]ボタンをクリックします(❷)。

★写真に写った壁の汚れなどの気になる部分は修正しておきましょう。

3 画像のサイズがウェブに適切な大きさになりました。[ファイル]メニュー －[別名で保存]から、.psd形式で[保存]して閉じます。
★元の写真データを上書きしないように注意しましょう。

4 STEP 2で作成したファイルを開いて、[ファイル]メニュー －[埋め込みを配置]を選択し、**3**で保存した「建物_縮小写真」を選択してバナー上に配置します。

5 右上の角にマウスカーソルをあて、斜め矢印のアイコン に表示が切り替わったのを確認したら、内側へドラッグすると縮小、外側へドラッグすると拡大になります。サイズを決めて [return]([enter])キーを押します。
★もう一度サイズを変更したい場合は[command]([ctrl])+[T]でバウンディングボックスを再表示させて、角を再度選択します。

6　来場者にプレゼントを訴求するためのエリアを「シェイプ」で作成します。「長方形ツール」を選択して（❶）、右側に長方形を描き（❷）、オプションバーの「シェイプの塗り」でグラデーションを選択します（❸）。「カラー分岐点（❹）」の始点と終点をダブルクリックして、色を設定します。❷で使っている暗い黄色に濃淡を付けることで、落ち着きのある金色のような表現になります。

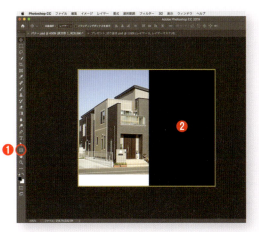

7　日付や場所を入れるエリア（下の白い部分）を確保します。6と同様に、「長方形ツール」を選択して（❶）、オプションバーの「シェイプの塗り」で塗りは「白」にして❷から、ドラッグします（❸）。「枠線」レイヤーが一番上にくるようにしておけば（❹）、シェイプが多少カンバスからはみ出しても問題ありません。

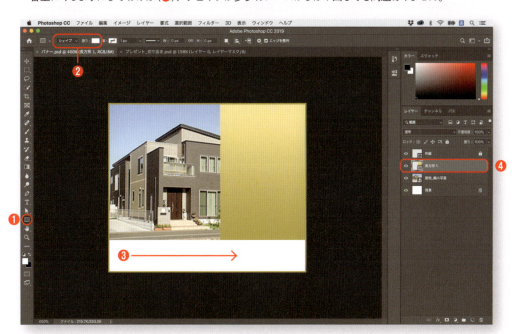

STEP 4　商品画像をパスでなぞって選択範囲を作る

1 ［ファイル］メニュー －［開く］から「プレゼント.jpg」の写真を開きます（❶）。「ペンツール」による写真の切り抜き（選択範囲の作成）を行います。［パス］パネルを開き、右上のパネルメニューから「新規パスを作成」を選択し（❷）、新しいパスを描く準備をしておきます（❸）。
★今回、パスの名前はデフォルトの「パス1」で問題ありません。補正などで正確な選択範囲が必要な場合、複数のパスが必要なケースもあります。こういったときには、パスに名前を付けておくとよいでしょう。

2 「ペンツール」を選択します（❶）。オプションバーのポップアップが「パス」になっていることを確認します（❷）。

164

3 プレゼントの輪郭を「ペンツール」（❶）でマウスをクリックしていきます（❷）。この細い線のことを「パス」と言います。クリックした部分にできる四角いアイコンをIllustratorと同様に「アンカーポイント」と言います。「パス」を一周させてパスを閉じます。

★大きく失敗したら delete キーで「パス」や、アンカーポイントを消してやり直しましょう。小さい失敗であれば、「ダイレクト選択ツール」で該当の箇所を囲んでドラッグすれば、ドラッグした部分のパスを動かして修正ができます。

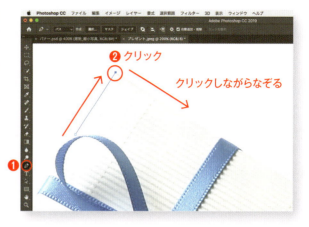

4 クリック＆ドラッグすると、「ハンドル」と呼ばれる、先端に丸いアイコンのある線が伸びてくるので、この「ハンドル」の長さと向きを調整して曲線を描きます。

Column

画像の一部をくりぬきたいときは？

たとえばカップの持ち手のような空間がある画像の場合は、はじめにまわりの軌跡を一周させて一度パスを閉じた後、オプションバーの「パスの操作」アイコンをクリックして、「シェイプが重なる範囲を中窓」を選択すると、追加したパスの範囲をくり抜くことができます。

165

5 パスを一周させたら
[パス] パネルのオプション
（右側）をクリックして（❶）、
パスの「選択範囲を作成…」
（❷）をクリックし、「選択範
囲を作成」ダイアログで[OK]
ボタンをクリックすると
（❸）、4 で作ったパスと同
じ形の選択範囲が作成され
ます（❹）。

6 ［レイヤー］パネルから「マスクを作成」
をクリックします（❶）。5 で作った選択範
囲を使った切り抜きができました（❷）。保
存して閉じます。

STEP 5　「プレゼント」を配置する

1　「バナー.psd」を開いて、[ファイル] メニュー －[埋め込みを配置...] を選択し、プレゼントの画像を金色の長方形の中へ配置します（❶）。左上の角をクリックして内側へドラッグし（❷）、サイズを決めたら return（enter）キーを押します。

2　配置が完了したら、プレゼントのレイヤーの右側をダブルクリックします（❶）。「レイヤースタイル」ダイアログが開いたら、左側の「ドロップシャドウ」にチェックを入れ、数値を入力します（❷）。「描画モード：乗算 / 角度：90度 / 不透明度：60 / 距離：25px / サイズ：42px 」と入力し、プレゼントに影を付けて、浮いたような効果を演出します（❸）。
★再編集する場合は、もう一度 [レイヤー] パネルの右側の fx マークをダブルクリックします。

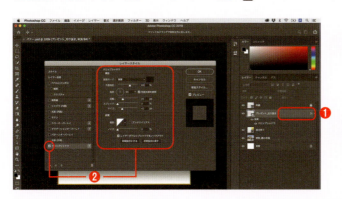

STEP 6　文字を入力する

1　右側に文字を挿入します。まず、「横書き文字ツール」を選択します（❶）。ツールを長押しすると「縦書き文字ツール」に切り替えられます。文字を挿入したい部分をクリックして、文字を入力します（❷）。
★フォントはAdobe Fontsの「見出しミンMA31」を使用しています。
★内容に応じてプレゼントの位置や大きさを調整していきましょう。プレゼントのレイヤーを選択し、command+Tキーでバウンディングボックスを出すとサイズの変更が簡単にできます。

2　日付のサイズの大小を付けてメリハリを出します。「横書き文字ツール」を選択して、文字を入力したあと、大きく（小さく）したい文字を選択して、オプションバーで文字サイズを調整します。
★強調したい数字や名詞や動詞を適度に大きくしたり、反対に助詞（が、の、に、を）を小さくすると、メリハリがつきます。
★「テキストツール」で文字を入力せずにカンバスを誤クリックすると、レイヤー名が「レイヤー1」などの、中身が空のレイヤーが作成されるときがあります。作業の合間にこうした余計なレイヤーができていないか確認しましょう。

3 　1と同様の操作で、会場の場所を2行で記入し、不自然な空きスペースがないようにします。

4 　Illustratorで作成されている「オオキハウス.ai」というロゴデータを [ファイル] メニュー － [埋め込みを配置] で配置します（❶）。バウンディングボックスが表示されるので、縮小して左上へ配置します（❷）。

STEP 7 ウェブ用のデータを書き出す

1 ［ファイル］メニュー －［書き出し］－［PNG としてクイック書き出し］を選択すると（❶）、「別名で保存」ダイアログが表示されるので、ファイル名を付けて保存します（❷）。psd のファイル名がそのまま画像ファイルの名前になります。ウェブ上にアップするためには、ファイル名は日本語（漢字やひらがな、カタカナ、および全角文字）を避け、半角英数字で命名します。

★「クイック書き出し」で .jpg 形式にしたい場合は［Photoshop］－「環境設定」－「書き出し」から変更可能です。
★ Photoshop で画像を保存するにはほかにもいくつかの方法があります。今回のように、カンバスサイズがそのままバナーのサイズになっている場合は［ファイル］メニュー －［別名で保存］で拡張子を選んで保存する方法でもいいでしょう。

2 「banner.png」ファイルのバナーを書き出すことができました。

> Column

こんなバナーはどっちで作る？

バナーの制作にはPhotoshopを使うという人が多いようですが、Illustratorにもウェブ制作向けの機能がたくさん備わっています。たとえばIllustratorで作られている素材を使ったバナーであれば、Illustratorで作ったほうが軽くて手早く制作できます。

●写真が多いときはPhotoshop

Photoshopの場合、写真を補正しながらレイアウトできるのが便利です。Illustratorでビットマップデータ（写真）をクリッピングマスクして書き出すと、マスクで隠れているはずの部分も一緒に透明なエリアとして書き出されてしまう現象が報告されており、特に写真を扱うのであれば、Photoshopで制作するのがよいでしょう。

●ベクターならIllustrator

ベクターで作られているイラストや飾り罫などを素材サイトからダウンロードして使う場合など、Illustratorで完結できるのでスムーズに済むケースもあります。一度Illustratorで作成しておけば、拡大や縮小を繰り返してもベクター部分に影響がないので、チラシと同じデザインでバナーを作りたいといった場合にもIllustratorが活躍するでしょう。

チームでデータを共有できるアプリを選ぼう

「私はこのアプリが得意だから」という理由でアプリを選ぶのは、長い目で見ると得策ではないかもしれません。チームで使っているアプリに合わせるというのも重要な考え方です。特にウェブ制作の場合は、Sketch（スケッチ）などのアドビ以外のアプリを使用している現場も多くあり、印刷と比べて、柔軟にアプリを選択する姿勢が望まれる傾向にあります。

制作 | Illustratorを使ったバナー制作

考え方と完成デザインを見比べよう

　Illustratorを使って、自社サイトの中にある幅250pixel×高さ150pixelのバナーを作成していきます。エコ住宅に関するセミナーを案内します。

まずは「5W3H」を整理しよう

- **When** ▶ いつ出る？
- **Where** ▶ どこに出る？
- **Who** ▶ だれに出る？
- **What** ▶ なにを載せる？
- **Why** ▶ バナーの目的はなに？
- **How** ▶ どんな切り口で表現する？
- **How much** ▶ いくらで出す？
- **How many** ▶ いくつ作る？

 「エコ住宅」のセミナーの告知 → セミナーの申し込みを通して、顧客を獲得する

　自社サイトに掲載するためのバナーなので、サイズや文字の大きさなどをほかのバナーと揃えると、統一感が出るでしょう。ファイル名や画像の拡張子などは、すでにあるサイトの仕様に応じて変更していきます。

 住宅のイラストを使い、緑色の背景を使用することで、「エコ住宅」のイメージを訴求する。小さいバナーなので、文字はゴシック体で表現する。

　ベクターのイラストをあらかじめ用意しておき、必要な分だけをバナーへ配置して、オリジナルのバナーに仕上げていきます。

172

05 制作

Illustratorを使ったバナー制作

STEP 1 ドキュメントを作る

1 Illustratorを起動し、[ファイル]メニュー → [新規]で「新規ドキュメント」ダイアログを開きます。「Web」をクリックします（❶）。右側のプリセットの詳細欄に、バナーの「幅250ピクセル」「高さ150ピクセル」を入力して[作成]ボタンをクリックします。「方向」は「横」、「アートボード」は「1」にします（❷）。[作成]ボタンをクリックします（❸）。

2 幅250pixel、高さ150pixelの「アートボード」（カンバス）ができました。

★ [表示]メニュー → 「ピクセルプレビュー」にチェックを入れておくと、ピクセルが表示され、書き出した後の見た目と同じ表示になります。

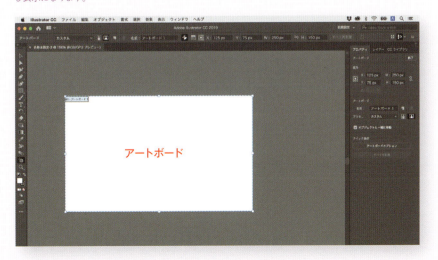

STEP 2　枠線を配置して揃える

1　「長方形ツール」をクリックします（❶）。カンバスの中をクリックすると（❷）、「長方形」ダイアログが出るので、「幅：250px」「高さ：150px」と入力し、[OK] ボタンをクリックします（❸）。

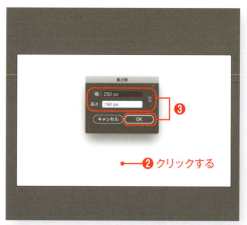

2　コントロールパネルで「塗り」を「なし」、「線」を「緑色」にして、「サイズ」を「1pt」にします（❶）。「線」と書かれている文字をクリックすると（❷）、線に関するオプションが表示されるので、「線の位置」が「線を内側に揃える」になっていることを確認します（❸）。

★コントロールパネルの塗りや線をクリックすると、あらかじめ登録されている色やグラデーションの「スウォッチ」が表示されます。任意の色を選ぶには、Shift キーを押した状態で再度クリックすると、スライダーが表示されます。塗りや線の色はツールバーからでも変更できます。

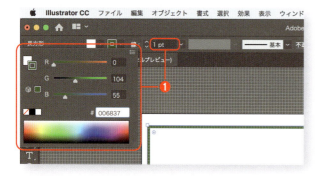

3 引き続き、緑色の枠線（長方形）を選択した状態で（❶）、コントロールパネル右側の「整列」アイコンをクリックして（❷）、右下のアイコンから「アートボードに整列」を選択します（❸）。「アートボードに整列」を選択すると、「整列」アイコンを選択できるようになります。「水平方向左に整列（❹）」「垂直方向上に整列（❺）」をクリックすると、アートボードと長方形がぴったり揃います（❻）。
★マウス操作で揃えると、ズレの原因になります。

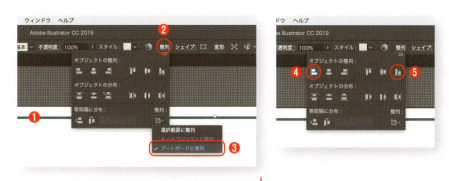

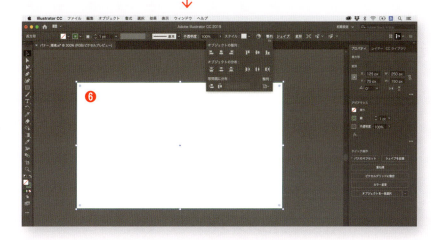

4 ［レイヤー］パネルから、レイヤーに「枠線」と名前を付けて（❶）ロックします（❷）。次に［レイヤー］パネルから、「新規レイヤーを作成」して、「イラスト」と名前を付け、枠線レイヤーの下に移動します（❸）。［ファイル］メニュー －［保存］でここまでの作業を「バナー.ai」という名前で保存します。

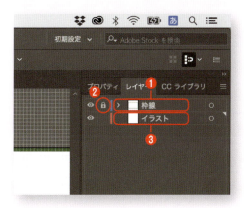

175

STEP 3　イラストを挿入する

1　「バナー.ai」を開いたまま、素材用のイラスト（.aiファイル）素材を開きます（❶）。既成のデータから、一部のイラストを使用します。多くの場合は「グループ」でまとめられているので、必要に応じてオブジェクトを選択してから、[オブジェクト] メニュー －「グループ解除」をして、必要な部分だけを選択できるようにします（❷）。

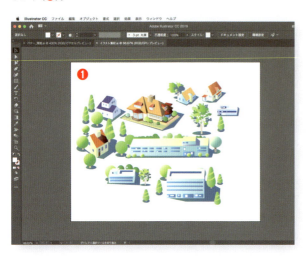

2　「選択ツール」でイラストの必要な部分をドラッグして選択し、[編集] メニュー －[コピー] を選択します。バナーデータに [編集] メニュー －[ペースト] します。
★.ai形式（ベクター）でない.jpgや.psdの場合は、チラシやDMの場合と同じく［ファイル］メニュー －［配置］で素材を配置します。

STEP 4　グラデーションを挿入する

1　家の背景に緑のグラデーションを敷きます。「長方形ツール」で長方形を描いたら（❶）、「グラデーションツール」に切り替えます（❷）。グラデーションを適用したい範囲をドラッグして、グラデーションの方向を決めます。始点と終点に表示されている○をクリックして色を決めます（❸）。色を透明にしたい場合は「不透明度」を「0」にします（❹）。

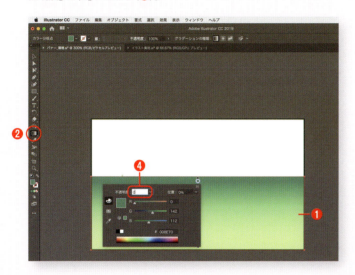
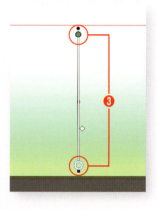

2　グラデーションを選択し、[オブジェクト] メニュー −「重ね順」−「最背面へ」で（❶）、家のイラストの後ろへグラデーションを配置します（❷）。
★右クリックして表示されるメニューから「重ね順」でも「最背面へ」配置が可能です。

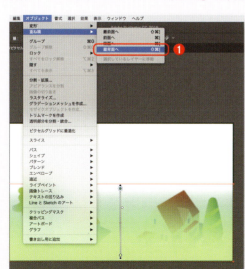

STEP 5　文字を入力する

1　「文字ツール」を選択して、文字を入力します。今回は「游ゴシック体」を使用しています（❶）。

2　改行した上で [コントロール] パネルの右側の「段落」を「中央揃え」にして（❷）、文字を少し小さくし、サブタイトル〈後悔しない家づくり〉を入力します（❸）。

3　サブタイトルを2本の線で挟み、簡単な装飾をします。「長方形ツール」を長押しすると「直線ツール」に切り替えられるので（❶）、ツールを切り替えて、ドラッグ操作で直線を描きます（❷）。[ファイル] メニュー - [保存] でここまでの作業を .ai ファイルとしていったん保存します。

178

STEP 6 画像を書き出す

1 ［ファイル］メニュー －［書き出し］－［書き出し形式...］を選択します。

2 ダイアログが表示されるので、ファイル名とファイル形式、書き出し先を選択して（❶）、［書き出し］ボタンをクリックします（❷）。

3 .pngの場合は、背景が透明か、白かを選択します。

4 .pngファイルのバナーを書き出すことができました。

STEP UP

より「目立つ」バナー作り

　バナー広告で重要なのは、きちんと目立っていることです。まとまりがあってバランスが良く、なおかつ目立つためには、いきなり赤や黄色などの強い色を使うのではなく、写真の色や機能に関連した色やレイアウトからステップアップ形式でデザインしてみましょう。

STEP 1
スペックと商品名を表記

基本的なスペックは入っている「6畳用」「省エネ」「ヒーター」

まとまり要素　まずはココから

商品に必要な基本的なスペック名と、商品写真を配置する。

STEP 2
グラフィック処理で目立たせる

写真や商品特徴に合った色とグラフィック処理を行う

目立ち要素　もう一歩

商品名や商品画像に合った色にして、スペック（6畳用、省エネ）は「長方形ツール」を使ってグラフィック処理する（P146の解説参照）。

STEP 3
文字のメリハリをプラス

特に訴求したい部分を大きくし、メリハリをもたせる

違和感をプラス　もっと良くする

背景のオレンジをグラデーションにし、黄色を強くすることで温かみが増す。文字の大きさやベースラインの位置をあえてバラバラにして、違和感により目立たせる。スペックを大きくすることで、目立つだけでなく、白いカーテンの面積が減るので、寒々しさが軽減される。

STEP UP テクニック Photoshopで文字を装飾する

左ページ STEP 2 の文字の装飾方法を紹介します。[レイヤー] パネルで「あったかヒーター」のテキストレイヤーを選択して、[レイヤー] パネルの下部の fx マークから、付与したい効果を選ぶと、「レイヤースタイル」ダイアログが開きます。レイヤースタイルが適用されているレイヤーには fx のマークが付きます。

1 「レイヤースタイル」ダイアログの左側の項目から、「境界線」をチェックします（❶）。「サイズ」を「8px」、「位置」を「外側」、「描画モード」を「通常」、「不透明度」を「100％」、「塗りつぶしタイプ」を「カラー」、「カラー」を白に選択します（❷）。

2 「レイヤースタイル」ダイアログの左側の項目から、「ドロップシャドウ」をチェックして（❶）、「描画モード」を「乗算」「オレンジ」、「不透明度」を「100％」、「角度」を「122度」、「距離」を「0px」、「スプレッド」を「70％」、「サイズ」を「25px」に設定します（❷）。[OK] ボタンをクリックします（❸）。

STEP UP テクニック [文字] パネルで調整する

左ページ STEP 3 で文字を調整する方法を紹介します。

「あったかヒーター」はひとつのテキストレイヤーですが、[文字] パネルで、それぞれの文字の大きさとカーニング（文字間）やベースラインの位置を文字ごとに変更して動きを付けています。

> **カーニング** V/A …文字同士の間隔
> 調整したい文字と文字の間にカーソルをあてて数値を入力する
>
> **ベースラインシフト** …文字の位置を上下する
> 調整したい文字をドラッグして選択し、数値を入力する

> Column

「押されやすいボタン」を作ろう

ここまでバナーの作り方を見てきましたが、最後に、ユーザーに押されやすいボタンのデザインを考えてみます。「質感」「変化」「矢印」「テキスト」の4つの要素に注目してみましょう。

●質感

「つやつや」「凹凸（おうとつ）」「ぷっくり」「きらきら」など、質感がまわりと異なる表現です。Illustratorのグラデーションや Photoshopのレイヤー効果などで実現できます。「ドロップシャドウ」で影を作るのも、ボタンが浮いて見えて効果的ですが、やりすぎると不自然に見えてしまいます。

●変化

時間の経過で「震える」「輝く」など一定の変化をしたり、マウスを乗せたときに、「凹む」「色が変わる」などの変化です。Adobe Animate CCやAdobe After Effects CCなどのアニメーション（インタラクション）生成アプリや、JavaScript、CSSなどで実現できます。

●矢印

ページ遷移（リンク）を示す場合、右向きの矢印を用いることが多くあります。単なる四角形よりも、ちょっとした矢印がある方が、ボタンだと認識されやすくなるでしょう。

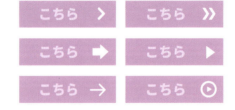

●テキスト

最後にテキスト（コピー）が大切です。言葉を変えるだけでクリック率が変化することも多くあります。たとえば「こちら」よりも、「今だけ限定100円！お申込みは今すぐ」などの具体的な特典や詳細を書いてみるなどの工夫を凝らしましょう。

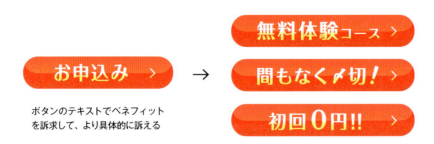

182

付録

もっと学びたい
ときには

〜困ったときの考え方・調べ方

せっかく本書のような初心者向けの書籍を購入しても、思ったような成果が出なかったり、作り方がわからなかったりすることも多いことでしょう。そのすべてにお答えするのは紙面の都合で難しいところですが、スキルをさらに発展させるための心構えと、参考資料についてご紹介したいと思います。

❶ 成果が出ないときは

　思ったような成果が出ないことも多いのが広告の難しいところです。こういったときは、まずは一人で悩まずに、いろいろな人に相談しましょう。作ったものをより良くするためには、作ったデータや配布状況を記録しておいて、きちんと比較することも大切です。

まわりに相談してみよう

　デザインはクライアントやお客さまなどの「相手」があってのことです。とはいえ、ひとりで製作しなくてはいけないときもありますし、それが可能なことは1章でも述べたとおりです。ところが完全に一人での作業だと、作っていくうちに、何がいいのか何が悪いのかがわからなくなってしまいます。終わってみると大したことのないことでも、孤独の中で悩みだしてしまうと、出口が見えないような気持ちになってしまうものです。困ったら同僚や上司などに早めに相談しましょう。

結果がでないときは社内で比較を

　作った広告が売り上げや集客につながらないときは、自社の過去の広告と比べてみましょう。デザインはもちろん、特典やコピーの違いなど、条件は異なるはずです。たとえば特典やデザインは同じで、コピーだけを替えて2つの広告を同時に打ってみると、自社にとってより「効く」コピーがわかってきます。条件の一部だけを替えて何度もテストをしていくことで、「勝ちパターン」が見えてくるのです。こういった施策は業種によっては天候や気温、時期などの外的な要因によっても左右されるので、広告を実施した時期についても記録を残しておくと、広告が終わったあと、結果を比べるための参考になります。

❷ もっと勉強したいときは

　初心者の方は「何がわからないかがわからない」ことがよくあります。それを「言えない」ということは、状況を表す言葉がわからないのです。まずは言葉を知りましょう。言葉を知る近道は、なんといっても書籍です。

操作手順より、まずは機能の名前や役割を学ぼう

　アプリの学習をはじめて最初のうちは、たくさんの機能を覚えることで精一杯かとは思いますが、すべての操作を覚えなくても大丈夫です。それよりは、機能の名前と、できればその役割を覚えてください。たとえば、Photoshopの「ウネウネ動く謎の破線のアニメーション」という認識と、「選択範囲」という言葉を知っているのでは、その先に大きな差が生まれます。その機能がどのような操作で実行できるかは、アプリの「ヘルプ」や、インターネットの検索で「選択範囲」などと調べれば出てくることなので、あまり重要ではありません。デザインやマーケティングでも基本的には同じです。重要な法則には名前が付いています。こういった名前を覚えておけば、書籍やインターネットで調べられますし、わからないことを言葉にして、人に尋ねるための一歩になります。

まずは書籍を1冊買うところから

　新しいことを勉強する場合は、まず1冊書籍を買って通読してみましょう。インターネットでの検索のほうが手軽で最新情報が手に入る印象がありますが、検索するための言葉を手に入れるところからはじめないと、効果的な情報にはたどりつきませんし、たいていの場合、インターネットの情報は断片的です。一方、初心者向けの書籍では、作業の流れや考え方などが網羅されています。書籍と言ってもさまざまなタイプがありますから、目的や読み手と書き手のパーソナリティーによって合う、合わないはありますが、言葉を知るという意味ではどんな書籍で勉強しても得るものはあるはずです。2冊目以降を選ぶときには、1冊目の書籍で得た言葉を元に、目次の項目と索引に出てくる単語を見て、学びを深めるのか、広げるのかを考えながら購入を検討するのがおすすめです。

❸ もっと学びたい方へのブックガイド

ここまで読んでおわかりかと思いますが、本書の内容はじつに多岐に渡っており、本来であれば1冊の書籍で言うべき内容を1ページで紹介していることもあります。物足りなさを感じた方のために、1つのテーマを掘り下げて書かれている、筆者が読んで良かった書籍をご紹介します。

【プランニング・マーケティング】

『デジタルで変わる
セールスプロモーション基礎
宣伝会議マーケティング選書』
販促会議編集部 編　宣伝会議 (2017)
販促(セールス・プロモーション)は決してチラシやDMだけではありません。ビジネスの規模によって役立つかどうかは変わってきますが、ひと通り知っておくために良い1冊です。

『こんな時、どうする？
「広告の著作権」実用ハンドブック (第二版)』
志村潔 著　太田出版 (2018)
デザイナーは知的財産権に対する意識も求められます。この書籍は、広告のクリエーターが書いた広告の実務書として、具体的な事例が豊富です。

『コンテンツ・デザインパターン』
吉澤 浩一郎 著　技術評論社 (2017)
本書の「考え方」では物足りないなと思われた方はぜひこちらの書籍をご覧ください。事例とともに、広告・販促の考え方が多数解説されています。

『すぐに使えてガンガン集客！
WEBマーケティング123の技』
山田竜也 著　技術評論社 (2018)
理論の多いマーケティング系の書籍は通読するのが大変なのですが、この書籍はたくさんのトピックスに対して実務に沿った回答が豊富で、心強い1冊です。

【コンピューター / デザイン】

『コンピューターと生きる』
佐藤淳一 著　武蔵野美術大学出版局 (2018)
大学の先生が執筆されたコンピューターリテラシーの教科書です。パソコン自体に慣れていない方は、1冊こういった書籍があれば周辺知識を学んでおけるので心強いでしょう。

『増補改訂版レイアウト、基本の「き」』
佐藤直樹 著　グラフィック社 (2017)
デザインを本格的に勉強したい方はこういった書籍を持っておくといいでしょう。書体や写真のレイアウトをはじめとして、プロのデザイナーの基礎がまとめられています。

【アプリ】

本書の発行元である技術評論社からはさまざまなPhotoshopやIllustratorの操作本が発行されています。ここではレベル別にご紹介したいと思います。もちろん他の出版社からも、良い本はたくさん発行されているので、書店で自分に合う1冊を見つけてください。

本当に初心者の方
(本書の解説を難しく感じる人は)
『デザインの学校』シリーズ

いろいろな操作を知りたい人は
『世界一わかりやすい教科書』シリーズ

本書の解説をやさしく感じる人は
『超時短』シリーズ

業務に活かせるサービスガイド

　小規模な事業者や学生の方に向けて、印刷やデザインデータのやり取りに使えるサービスをご紹介します。本書で紹介しきれなかったウェブサイトについても一部取り上げますので、興味のある方はぜひ公式サイトをのぞいてみてください。

【素材】

●アマナイメージズ　amanaimages.com
非常に高品質なストックフォトサービス。マス広告などに使用される場合も多い。

●PIXTA　pixta.jp
写真やイラストを数千円前後で購入できる。定額プランを使えば安価で利用可能。

●Adobe Stock　stock.adobe.com/jp
Adobe CCとは別途契約が必要な定額制のサービス(点数上限あり)。画像で画像を検索するサービスが便利。

【データ】

●Dropbox　dropbox.com
データをオンライン上でやり取りするツール。無料でも使えるが、2GBまでの制限があるので、ビジネスで利用するのであれば有料プランがおすすめ。ソフトをダウンロードしてパソコン上でフォルダとしても管理が可能。

●tinypng　tinypng.com
ファイル容量の大きなPNGやJPEGデータをオンライン上で圧縮できるサービス。

【印刷】

●プリントパック　printpac.co.jp
価格が安く、はじめて印刷通販に挑戦する場合はおすすめ。冊子なども幅広く取り扱っている。

●グラフィック　graphic.jp
紙の種類や作れるツールも豊富。DMの発送代行や色校正などきめ細かいサービスが充実。

●ラクスル　raksul.com
印刷に加えて折込やポスティング、DMなどの集客系のサービスが豊富。

●パプリ　spc.askul.co.jp
アスクルが運営するプリントサービス。ハンコやノベルティなどへの特殊な印刷も可能。

●レトロ印刷JAM　jam-p.com
孔版印刷という手法で、風合いや手作り感のある印刷物が小ロットで注文できる。

●ハグルマ オンラインストア
www.haguruma.co.jp
封筒を中心に名刺やコースターなどの印刷が可能。特殊な用紙やインキが使用できる。

187

おわりに

　「デザインの本を書いてみませんか？」とお誘いいただき、冒頭の「はじめに」を書いたのが、2013年のことです。そこからこの「おわりに」を書くのに、なんと6年もかかってしまいました。この6年もの間に、デバイスやアプリはますます発展し、クリエイティブという言葉はもはや一部の専門家だけのものではなくなりました。今後もこういった流れは加速していくでしょう。

　そこで大切になってくるのは「なぜ作るのか」です。本書はこの「なぜ」が切実で明確な、ビジネスの現場で頑張っている皆さんに向けて書きました。スピードが求められるビジネスの現場では、広告製作について体系立ててじっくり学べるとは限りません。私自身がまさに「体系的に学べなかった」一人です。本書は、現場で私自身が苦労したことや自分なりに発見したことを極力詰め込みました。各業界の専門家の皆さんから見ると、一部見識が浅く見える部分もあろうかと思います。手順についても、ウチではこの方法は使っていない、というお叱りもあるかもしれない……と、毎日悩んでいたら6年も経ってしまったので、そろそろ腹をくくることにしました。

　一点誤解がないように書くと、私は「独学」ではありません。これまで出会った多くの皆さんと、たくさんのお仕事、そしてよい書籍に教わってきました。お世話になった皆さんに、こうして書籍という形でご報告できることを嬉しく思います。特に最初にお声がけくださり、6年も待たせてしまった技術評論社の傳さん、編集にご尽力くださいました秋山さん、本書を素敵なデザインに仕上げてくださいましたAPRIL FOOL Inc.さんにお礼申し上げます。

　本書が読者の皆さんのビジネスの発展に寄与できればこれ以上嬉しいことはありません。お読みいただき、ありがとうございました。

2019年3月　浅野 桜

INDEX

●数字・アルファベット

100%表示（ショートカット）	50
5W3H	17
A/Bテスト	153
Adobe Fonts	28
AdobeRGB	149
Canva	29
CMYK	92,104,148
DM（ダイレクトメール）	14,106,108,112
DTP	26
ECサイト	13,152,157
GIF	156
Illustrator	27,38,44,59
〜のレイヤー	54
InDesign	39,40
JPEG	156
OGP	13
PDF入稿	104,143
Photoshop	27,38,44,55
〜のレイヤー	53
pixel	149,150
PNG	156
ppi	38,149
RGB	148,149
sRGB	149
SVG	156
Zの法則	151

●あ行

アートボード	59,112
アウトライン化	85,99,141
新しくファイルを作る	49
アップロード	150
アプリ	15,27,38
〜の画面構成	44
〜のバージョン	42
〜を切り替える	48
アンカーポイント	165
移動（ショートカット）	50
移動ツール	55
色相環	33
インストール	41
インターネット広告	13
エリア内文字の調整	87
オブジェクト	54,59
〜の大きさや角度を変える	61
〜の形を変える	81
〜の順序	63
〜のロックと隠す	54
オプションバー	45
オフセット印刷	36
オンデマンド印刷	36

●か行

ガイド	45
〜を引く	83
回遊	152
拡大（ショートカット）	50
拡張子	56,60,150,156
角版	122
重なり順を変える	80
画像をくりぬく	165
紙のサイズ	72
画面を明るくする	51
カラープロファイル	149
カラーモードの変更	120
環境設定	47,150
カンバス	55
加法混色	148
切り抜き	122
キャッチコピー	19,20,70
キャンペーンサイト	13
休眠顧客	19,109
切り口	22
切り抜き	122

189

グラデーションを挿入する	177
グラフィックデザイン	12,26
クリッピングマスク	64
グループ化する	97
減法混色	148
広告	12,18,20,22,154,184
広告コンセプト	20
校正	34
コーディング	150
顧客名簿（リスト）	106,109
ゴシック体	102
コンセプト	15,20,22
コントラスト	33
コントロールの表示	46
コントロールパネル	45
コンバージョン	153

● さ行

シェイプ	160
縮小（ショートカット）	50
定規	45
〜を表示する	47
ショートカット	48,50
人物画像の補正	114
人物を切り抜く	119
スクロール	151
図形（線）を描く	60
スマートオブジェクト	89
選択範囲	56,164
線幅	133

● た行

ターゲット	18,22,72,106
裁ち落とし	104,146
単位	45
地図を描く	124
チラシ	11,16,39,18,72,76
ツール	45
データを書き出す	170,179
デザインアプリ	27

デザインの道具	26
テンプレート	16,24,112
トーン	33
トレース	123,125
トンボ（トリムマーク）	34,113,143,146

● な行

入稿	25,34,99,104,141,143,150
塗り	60
塗り足し	34,104

● は行

配色	32
パス	165
〜でなぞり、選択範囲を作る	164
パターンを作る	136
バナー	13,152,154,156,159,173
〜広告	13,154,180
〜サイズ	155,157
パネル	45
反響率	71,109
反対色	32
ハンドル	165
販売促進（販促）	12
ビットマップ	38
一つ前の操作に戻る	49
ファイル	45
〜を開く	49
〜を保存する	49
フォント	27
袋文字	103,139
ベクター	39,59,157,171
ポスティング	19,71
保存（ショートカット）	50
ボタン	182

● ま行

マス広告	12,23

明朝体	102
メール広告	13
メールマガジン	13
メニュー	45
文字	53
〜の色・サイズを変える	86
〜の大きさを調整する	84
〜の揃え位置を調整する	84
〜を入力する	78,168

● や行

要素	44,49
〜を貼り付ける	49
〜を複製する	49
余白	31

● ら行

ライブコーナー	68,97
ランディングページ	13
リスティング広告	13
レイヤー	52,56
〜の基本操作	52
レギュレーション	81,134
ロイヤルカスタマー	19

● わ行

ワークスペース	45
〜をリセットする	46

浅野 桜（あさの さくら）

asano@tagas.co.jp

自由学園最高学部卒業。印刷会社、消費材メーカーのひとりインハウスデザイナーを経て株式会社タガス設立。印刷物やウェブ制作を通して、中小企業の販売促進や広報活動の支援にあたる。2017年よりAdobe Community Evangelistとして活動し、セミナーやスクール講師、書籍の執筆などをおこなう。共著書に『Webデザイン必携。プロにまなぶ現場の制作ルール84』(MdN)、『神速Photoshop[グラフィックデザイン編]』(KADOKAWA) など。

『はじめるデザイン』専用サイト
https://hajimeru.design/

STAFF
- 図版制作／浅野 桜
- イラスト協力／波間 舞
- 写真／蝦名 和也、明石 雄介
- 作例協力／株式会社オーシン、Ladiance&co、株式会社ミッド・インターナショナル
- 協力／奥本 真理子
- カバー・本文デザイン、レイアウト／中山 正成、田中 隆史（APRIL FOOL Inc.）
- 企画・編集／傳 智之、秋山 絵美（技術評論社）

■お問い合わせについて

本書に関するご質問は、FAXか書面でお願いいたします。電話での直接のお問い合わせにはお答えできません。あらかじめご了承ください。また、下記のWebサイトでも質問用フォームを用意しておりますので、ご利用ください。

ご質問の際には以下を明記してください。

- 書籍名
- 該当ページ
- 返信先（メールアドレス）

ご質問の際に記載いただいた個人情報は質問の返答以外の目的には使用いたしません。

お送りいただいたご質問には、できる限り迅速にお答えするよう努力しておりますが、お時間をいただくこともございます。なお、ご質問は本書に記載されている内容に関するもののみとさせていただきます。

■問い合わせ先

〒162-0846　東京都新宿区市谷左内町21-13
株式会社技術評論社　書籍編集部
はじめるデザイン　係
FAX: 03-3513-6183
Web: https://gihyo.jp/book/2019/978-4-297-10504-4

はじめるデザイン
―知識、センス、経験なしでもプロの考え方＆テクニックが身に付く

2019年4月25日　初版　第1刷発行

著　者	浅野桜
発行人	片岡巖
発行所	株式会社技術評論社 東京都新宿区市谷左内町21-13 電話　03-3513-6150　販売促進部 　　　03-3513-6166　書籍編集部
印刷・製本	株式会社加藤文明社

▶定価はカバーに表示してあります。
▶本書の一部または全部を著作権法の定める範囲を超え、無断で複写、複製、転載、テープ化、ファイルに落とすことを禁じます。

©2019　浅野桜

造本には細心の注意を払っておりますが、万一、乱丁（ページの乱れ）や落丁（ページの抜け）がございましたら、小社販売促進部までお送りください。送料小社負担にてお取り替えいたします。

ISBN978-4-297-10504-4 C3055
Printed in Japan